有限空间作业事故防范及应急管理

张　鹏　段　婕　编

西北工业大学出版社

西　安

【内容简介】 本书从有限空间作业的概念、分类、特点等入手，对有限空间作业的危险和有害因素及其辨识、安全防护设备设施、安全风险防控、应急管理和演练以及紧急救护进行了系统介绍，并分析了有限空间作业事故案例。

本书可为安全工程、应急管理专业的学生和教师提供案例参考，也可供从事企事业单位有限空间作业人员、案例管理人员、政府应急管理部门的管理人员以及安全生产监管部门人员阅读参考。

图书在版编目(CIP)数据

有限空间作业事故防范及应急管理 / 张鹏，段婕编. — 西安：西北工业大学出版社，2023.8
ISBN 978-7-5612-8949-5

Ⅰ.①有… Ⅱ.①张… ②段… Ⅲ.①突发事件-救援 Ⅳ.①X928.04

中国国家版本馆CIP数据核字(2023)第159832号

YOUXIAN KONGJIAN ZUOYE SHIGU FANGFAN JI YINGJI GUANLI

有限空间作业事故防范及应急管理

责任编辑：王玉玲　　**策划编辑：**李阿盟
责任校对：曹　江　　**装帧设计：**董晓伟
出版发行：西北工业大学出版社
通信地址：西安市友谊西路127号　　**邮编：**710072
电　　话：(029)88491757，88493844
网　　址：www.nwpup.com
印 刷 者：陕西瑞升印务有限公司
开　　本：787 mm×1 092 mm　1/16
印　　张：5.75
字　　数：144千字
版　　次：2023年8月第1版　2023年8月第1次印刷
书　　号：ISBN 978-7-5612-8949-5
定　　价：39.00元

前　言

新版《中华人民共和国安全生产法》第二十八条规定：生产经营单位应当对从业人员进行安全生产教育和培训，保证从业人员具备必要的安全生产知识，熟悉有关的安全生产规章制度和安全操作规程，掌握本岗位的安全操作技能，了解事故应急处理措施，知悉自身在安全生产方面的权利和义务。未经安全生产教育和培训合格的从业人员，不得上岗作业。近年来，国内多个行业因为不重视培训工作或培训不到位造成的有限空间事故持续高发。2020 年 10 月，应急管理部编制发布了《有限空间作业安全指导手册》及 4 个专题系列折页，详细介绍了有限空间作业安全的基础知识、主要安全风险、作业安全防护设备设施、安全风险防控与事故隐患排查以及有限空间事故应急救援，对多个行业有限空间作业安全具有非常实用的指导作用。

为了对广大有限空间作业人员、监护人员以及相关安全管理人员进行更加系统的安全培训，笔者总结多年来在一线从事有限空间作业安全管理的经验，编写了本书。

全书分为 9 章，主要内容包括绪论、有限空间作业安全基础知识、有限空间作业的危险和有害因素及其辨识、有限空间作业安全防护设备设施、有限空间作业安全风险防控与事故隐患排查、有限空间应急管理、有限空间事故应急演练、紧急救护知识、有限空间事故案例分析等。本书第三、四、五、八、九章由张鹏编写，第一、二、六、七章以及附录由段婕编写。

本书具有下述特点：

1. 内容新。

本书结合 2021 年最新修订的《中华人民共和国安全生产法》和 2020 年应急管理部对有限空间作业的最新规定，对有限空间作业的定义、分类、特点、危险有害因素辨识以及安全防护设备设施等相关知识点进行详尽讲解，其中对有限空间作业安全管控的要求也都是最新的，能使学员了解、掌握最新的有限空间作业知识。

2. 实用性、针对性强。

本书针对目前有限空间作业安全培训对系统性教材的迫切需求，既包含丰富的专业基础知识，又包含生动的实践经验，能使学员通过本课程的学习，掌握扎实的基础知识，对有限空间作业的安全风险能够全面辨识、有效防护，从而避免发生有限空间作业安全事故。本书的PPT及有限空间作业事故应急演练的示范视频，学员可通过邮箱2855647080@qq.com索取，感受有限空间应急演练的真实场景。

3. 案例丰富。

本书收录了2019年以来国内有限空间作业的60个案例，并进行事故原因分析。这些案例基本涵盖了有限空间作业事故的全部类型，学员通过案例学习，可以熟悉和掌握各种类型事故及其发生的其根本原因，从而在实际工作中做到提前预防。

本书既可以用作企业有限空间作业人员、监护人员、安全管理人员及政府安全监管人员培训的参考资料，也可以用作高等学校应急管理专业相关课程的教材。

本书的出版得到了西北工业大学出版社的大力支持，出版社的编辑给予了悉心指导和协调，在此表示诚挚的谢意！

在编写本书的过程中，笔者曾参阅了相关的文献资料，在此一并向其作者表示深深的谢意！

由于笔者水平有限，书中难免还有不妥之处，敬请读者批评指正。

编　者

2023年3月

目　　录

第一章 绪　　论

生命重于泰山。安全生产关乎社会大众权利福祉，关乎经济社会发展大局，更关乎人民生命财产安全。党的十八大以来，习近平同志作出一系列关于安全生产的重要论述，对安全生产提出了明确要求，为推进应急管理领域的改革发展指明了方向。党的二十大报告在“推进国家安全体系和能力现代化，坚决维护国家安全和社会稳定”部分提出：要提高公共安全治理水平，坚持安全第一、预防为主，完善公共安全体系，提高防灾、减灾、救灾和急难险重突发公共事件处置保障能力。

近年来，我国各地区、各部门和各单位通过认真贯彻落实习近平同志关于安全生产的重要论述，安全生产事故死亡人数从历史最高峰 2002 年的 14 万，下降至 2020 年的 2.71 万，全国事故发生次数和死亡人数连续 18 年实现“双下降”。就在这样总体向好的趋势下，有限空间作业事故发生次数却不降反升。2016—2021 年，全国工贸行业共发生有限空间作业较大事故约 70 起，死亡 260 人，事故数量和死亡人数呈逐年上升的趋势。这些事故严重暴露出有限空间作业安全风险辨识不到位、作业不规范、应急施救不当导致人员伤亡等突出问题，归根到底是对有限空间作业安全事故防范和应急管理的教育培训没有做到位。这必须引起各级政府和各企事业单位的高度重视，务必立即行动起来，分析清楚原因，采取切实可行的措施，有效遏制各类有限空间作业事故的发生。

第一节　有限空间作业事故防范和应急管理存在的问题

当前，我国有限空间作业事故防范和应急管理存在的主要问题如下。

一、企业管理层面的问题

(1)有限空间作业管理制度照抄照搬、形同虚设，且未严格执行作业审批制度。部分企业存在管理制度与本企业实际不符、要求配备的检测仪器和应急装备等实际未配备、作业审批要求分三级执行而实际不分级以及制度之间相互矛盾等问题。很多企业有限空间作业审批制度执行不严格，责任不落实。

(2)有限空间辨识不到位，作业场所未设置警示标识或设置不规范。有的企业未进行有限空间排查辨识，未针对有限空间作业采取防范措施；有的企业认为有限空间均只有缺氧窒息风险,未辨识出硫化氢、二氧化硫等其他有毒气体中毒风险;有的企业未在醒目位置设置有限空间安全警示标识。

(3)未按规定配备气体检测仪器和通风设备,个体防护器材和应急装备缺失。有的企业未配备氧含量检测仪器和有毒有害气体检测仪器;有的企业不清楚检测仪器需要定期校验,也未定期进行校验,有的气体检测仪器不能正常使用;还有的企业配备的通风设备风量小,不能满足现场通风要求,有的企业未配备隔绝式呼吸防护用品作为应急装备。

(4)未针对有限空间作业开展安全培训或培训质量不高,从业人员对有限空间作业风险认识不足。有的企业未开展有限空间作业安全培训,有的企业虽然有培训记录,但经现场询问,作业人员不清楚有限空间存在的主要危险、有害因素,未掌握基本的应急处理措施。

(5)应急预案或现场处理措施缺乏针对性,未组织开展应急演练或演练走过场,应急处理能力不足。多数企业制定的有限空间应急预案针对性和可操作性不强,开展有限空间作业事故应急救援的具体措施要求不详细,有的企业未开展有限空间应急演练,有的应急演练流于形式。

二、安全监管层面的问题

(1)对企业有限空间作业的安全监督不力,监管底数没有摸清。基层安全监管部门推动企业落实有限空间作业要求进展迟缓,工作力度不够。部分地区安全监管部门对涉及有限空间作业的企业排查摸底不全面。部分企业主体责任不落实,盲目施救的现象仍然很普遍。

(2)监管人员对有限空间的作业相关要求认识不够、领会不深,执法检查过程中不能有效查出问题,安全检查走过场。部分企业对有限空间的理解仍存在误区,企业负责人和有关人员对有限空间的辨识能力不足,对风险认识不到位,致使有限空间作业审批制度建立、安全警示标志设置、作业人员安全培训、通风检测仪器装备和应急救援装备配备、应急演练等管控措施缺失或形同虚设,"先通风、再检测、后作业"的要求无法落实。一旦发生紧急状况,盲目施救导致事故伤亡扩大的现象仍然非常普遍。

(3)监管部门执法检查不严格,检查多、处罚少。部分地区执法检查宽、松、软,执法检查零处罚。一些地区重检查、轻执法,甚至只检查不执法;一些地区执法多、处罚少,甚至全年执法"零处罚"。这些暴露出部分地区执法工作刚性不足,对违法违规行为未依法依规予以处理,监督执法未形成震慑效应。

第二节　有限空间作业安全需求

一、原国家安全生产监督管理总局令第59号令要求

原国家安全生产监督管理总局(简称国家安全监管总局)第59号令《工贸企业有限空间作业安全管理与监督暂行规定》(简称《暂行规定》,见附录1)要求,各级安全监管部门和有

关企业要利用各种宣传媒介，大力宣传《暂行规定》和有限空间作业安全知识，提升企业安全管理人员和作业人员有限空间作业技能。

(1)各省级安全监管部门负责组织开展省内工贸行业安全监管人员有限空间作业专题安全培训。

(2)按照分级属地监管原则，各级安全监管部门负责组织开展辖区内有关企业安全管理人员有限空间作业专题安全培训。

(3)国家安全监管总局每年安排一定数量的重点人员进行有限空间作业专题安全培训。

二、应急管理部《有限空间作业安全指导手册》要求

2020 年 10 月，应急管理部编制发布了《有限空间作业安全指导手册》及 4 个专题系列折页，详细介绍了有限空间作业安全的基础知识、主要安全风险、作业安全防护设备设施、安全风险防控与事故隐患排查以及有限空间事故应急救援，对各行业有限空间作业安全具有非常有效的指导作用。

防范有限空间事故，必须提高作业人员的有限空间作业风险意识。各地区要认真组织开展有限空间安全培训工作，不仅要提升基层安全监管人员的业务能力，更要提高企业主要负责人的认识，并督促企业开展内部安全培训和事故警示，使员工切实掌握有限空间作业风险和作业要求，尤其是严禁盲目施救。

要快速、有效遏制有限空间作业事故的高发态势，就要通过培训，不断提高广大企业安全管理人员、作业人员以及政府安全监管部门人员防范事故和应急管理的能力，使其全面掌握有限空间作业安全的相关知识。本书部分章节中，直接对应急管理部《有限空间作业安全指导手册》进行了引用。

第二章　有限空间作业安全基础知识

第一节　有限空间及有限空间作业的概念

一、定义

(1)有关有限空间(Confined Space)的翻译有多种，如有限空间、受限空间、限制空间和密闭空间等。本书依据应急管理部《有限空间作业安全指导手册》中的定义:有限空间是指封闭或部分封闭、进出口受限但人员可以进入，未被设计为固定工作场所，通风不良，易造成有毒有害、易燃易爆物质积聚或氧含量不足的空间。

(2)有限空间作业是指人员进入有限空间实施作业。

二、常见的有限空间作业

(1)清除、清理作业，如进入污水井进行疏通，进入发酵池进行清理等。

(2)设备设施的安装、更换、维修等作业，如进入地下管沟敷设线缆、进入污水调节池更换设备等。

(3)涂装、防腐、防水、焊接等作业，如在储罐内进行防腐作业、在船舱内进行焊接作业等。

(4)巡查、检修等作业，如进入检查井、热力管沟进行巡检等。

三、有限空间作业的分类

按作业频次划分，有限空间作业可分为经常性作业和偶发性作业。

(1)经常性作业指有限空间作业是某单位的主要作业类型，其作业量大、作业频次高。例如，对于从事水、电、气、热等市政运行领域施工、运维、巡检等作业的单位，有限空间作业就属于经常性作业。

(2)偶发性作业指有限空间作业仅是该单位偶尔涉及的作业类型，其作业量小、作业频次低。例如，工业生产领域的单位对炉、釜、塔、罐、管道等有限空间进行清洗、维修，餐饮、住宿等一些单位对污水井、化粪池进行疏通、清掏等，有限空间作业就属于这些单位的偶发性作业。

按作业主体划分，有限空间作业可分为自行作业和发包作业。

(1)自行作业指由本单位人员实施的有限空间作业。

(2)发包作业指将作业进行发包，由承包单位实施的有限空间作业。

四、工贸企业有限空间的目录

工贸企业有限空间目录分为冶金、有色、建材、机械、轻工、纺织、烟草和商贸等8种类型，燃气企业可主要参照冶金、机械、商贸等3种类型。目录列举了很多例子，如容器、储罐、塔、阴井、沟渠等，均属于有限空间，其定义并非从量化的角度，而是从特征上予以描述的。有限空间包括存在一定的危险性、存在有毒有害性气体、缺氧、照明不足、通风不畅的密闭场所等，详见附录2。

第二节　有限空间的分类

有限空间分为地下有限空间、地上有限空间和密闭设备等。

(1)地下有限空间，如地下室、地下仓库、地下工程、地下管沟、暗沟、隧道、涵洞、地坑、深基坑、污水井(见图1-1)、废井、地窖(见图1-2)、检查井室、沼气池、化粪池(见图1-3)、污水处理池等。

图1-1　污水井

图1-2　地窖

图1-3　化粪池

(2)地上有限空间，如酒糟池、发酵池(见图1-4)、腌渍池、纸浆池、粮仓(见图1-5)、料仓(见图1-6)等。

图1-4　发酵池

图1-5　粮仓

图1-6　料仓

(3)密闭设备,如船舱、贮(槽)罐(见图1-7)、车载槽罐、反应塔(釜)(见图1-8)、窑炉、炉膛、烟道、管道及锅炉(见图1-9)等。

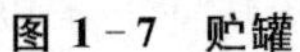

图1-7 贮罐

图1-8 反应塔(釜)

图1-9 锅炉

第三节 有限空间的特点及危险性

一、特点

(1)有限空间是一个有形的、与外界相对隔离的空间,既可以是全部封闭的,也可以是部分封闭的。

(2)有限空间限于本身体积、形状和构造,进出口大多较为狭小,或进出口的设置不便于人员进出,但人员仍可以进入开展工作。

(3)有限空间在设计上未按照固定工作场所考虑采光、照明、通风和新风量等要求,人员只是在必要时进入,进行临时性工作。

(4)有限空间通风不良,易造成有毒有害、易燃易爆物质积聚或氧含量不足。

二、危险性

由于有限空间体积较小,处于半封闭状态,因此密度大于空气的一些有毒有害和易燃易爆气体极易积聚,难以散发,若不采取通风检测措施,极易造成作业人员急性中毒死亡事故。有限空间事故的特点是,由于救援方法不当,盲目施救,其死亡人数要远远大于直接事故死亡人数。

第三章　有限空间作业的危险和有害因素及其辨识

第一节　有限空间作业的危险和有害因素

一、中毒

有限空间中，有毒气体可能的来源包括：有限空间内存储的有毒物质挥发；有机物分解产生有毒气体；进行焊接、涂装等作业时产生有毒气体；相连或相近设备、管道中有毒物质的泄漏；等等。当有毒气体浓度超过《工作场所有害因素职业接触限值　第 1 部分：化学有害因素》(GBZ 2.1—2019)的规定值时，就可能存在中毒的风险。有毒气体主要通过呼吸道进入人体，再经血液循环，对人体的呼吸、神经、血液等系统，以及肝脏、肺、肾脏等脏器造成严重损伤。引发有限空间作业中毒风险的典型物质有硫化氢、一氧化碳、苯和苯系物、氰化氢和磷化氢等。

1. **硫化氢**(H_2S)

硫化氢是一种无色、剧毒气体，比空气重，易积聚在低洼处。硫化氢易燃，与空气混合能形成爆炸性混合气体，遇明火、高热等点火源将引发燃烧和爆炸。硫化氢易存在于污水管道、污水池、炼油池、纸浆池、发酵池、酱腌菜池、化粪池等富含有机物并易于发酵的场所。低浓度的硫化氢有明显的臭鸡蛋气味，易被人发觉；浓度增高时，人会产生嗅觉疲劳或嗅神经麻痹而不能觉察硫化氢的存在；当浓度超过 1 000 mg/m^3 时，数秒内即可致人闪电型死亡。

2. **一氧化碳**(CO)

一氧化碳是一种无色无味的气体，密度与空气相当。一氧化碳与血红蛋白的亲和力比氧与血红蛋白的亲和力高 200～300 倍，因此一氧化碳极易与血红蛋白结合，形成碳氧血红蛋白，使血红蛋白丧失携氧的能力和作用，造成组织窒息，甚至导致人员死亡。

一氧化碳易燃，与空气混合能形成爆炸性混合气体，遇明火、高热等点火源将引发燃烧、爆炸。含碳燃料的不完全燃烧和焊接作业是一氧化碳的主要来源。

3. **苯和苯系物**[**苯**(C_6H_6)、**甲苯**(C_7H_8)、**二甲苯**(C_8H_{10})]

苯、甲苯、二甲苯都是无色透明、有芬芳气味、易挥发的有机溶剂，易燃，其蒸气与空气混合能形成爆炸性混合物。苯可引起各类型白血病，国际癌症研究中心已确认苯为人类致癌物。甲苯、二甲苯蒸气也均具有一定毒性，对黏膜有刺激性，对中枢神经系统有麻痹作用。短时间内吸入较高浓度的苯、甲苯和二甲苯，人体会出现头晕、头痛、恶心、呕吐、胸闷、四肢无力、步态蹒跚和意识模糊，严重者会出现烦躁、抽搐、昏迷症状。苯、甲苯和二甲苯通常作为油漆、黏结剂的稀释剂，在有限空间内进行涂装、除锈和防腐等作业时，易挥发和积聚该类物质。

4. 氰化氢(HCN)

氰化氢在常温下是一种无色、有苦杏仁味的液体，易在空气中挥发、弥散(沸点为25.6 ℃)，有剧毒且具有爆炸性。氰化氢轻度中毒主要表现为胸闷、心悸、心率加快、头痛、恶心、呕吐、视物模糊；重度中毒主要表现为深昏迷状态，呼吸浅、快，阵发性抽搐，甚至强直性痉挛。酱腌菜池中可能产生氰化氢。

5. 磷化氢(PH_3)

磷化氢是一种有类似大蒜气味的无色气体，剧毒且极易燃。磷化氢主要损害人体神经系统、呼吸系统及心脏、肾脏、肝脏。与 10 mg/m^3 磷化氢接触 6 h，人体就会出现中毒症状。在微生物作用下，污水处理池等有限空间可能产生磷化氢。此外磷化氢还常作为熏蒸剂用于粮食存储以及饲料和烟草的储藏等。

二、缺氧

空气中氧的体积分数(氧含量)约为 20.9%，氧含量的合格范围应在 19.5%～23.5%，氧含量低于 19.5% 时就是缺氧。缺氧会对人体多个系统及脏器造成影响，当氧含量低于6%，40 s 内即可致人死亡。有限空间内因积聚单纯性窒息气体或发生耗氧性化学反应，可能造成缺氧。不同氧含量对人体的影响见表 3-1。

表 3-1　不同氧含量对人体的影响

氧含量(体积浓度)/%	对人体的影响
＞15～19.5	体力下降，难以从事重体力劳动，动作协调性降低，易引发冠心病、肺病等
＞12～15	呼吸加重，频率加快，脉搏加快，动作协调性进一步降低，判断能力下降
＞10～12	呼吸加重、加快，几乎丧失判断能力，嘴唇发紫
＞8～10	精神失常，昏迷，失去知觉，呕吐，脸色死灰
＞6～8	4～5 min 通过治疗可恢复，6 min 后 50%致命，8 min 后 100%致命
＞4～6	40 s 内昏迷，痉挛，呼吸减缓、死亡

有限空间内缺氧主要有两种情形：一是由于生物的呼吸作用或物质的氧化作用，有限空间内的氧气被消耗导致缺氧；二是有限空间内存在二氧化碳、甲烷、氮气、氩气、水蒸气和六氟化硫等单纯性窒息气体，排挤氧空间，使空气中氧含量降低，造成缺氧。

引发有限空间作业缺氧风险的典型物质有二氧化碳、甲烷、氮气、氩气等。

1. 二氧化碳(CO_2)

二氧化碳是引发有限空间环境缺氧最常见的物质。其来源主要为空气中存在的二氧化碳,以及在生产过程中作为原料使用以及有机物分解、发酵等产生的二氧化碳。当二氧化碳含量超过一定浓度时,人的呼吸会受影响。吸入高浓度二氧化碳时,几秒内人就会昏迷倒下,更严重者会出现呼吸、心跳停止及休克,甚至死亡。

2. 甲烷(CH_4)

甲烷是天然气和沼气的主要成分,既是易燃易爆气体,也是一种单纯性窒息气体。甲烷的来源主要为有机物分解和天然气管道泄漏。甲烷的爆炸极限为 5.0%～15.0%。当空气中甲烷浓度达 25%～30%时,可引起头痛、头晕、乏力、注意力不集中、呼吸和心跳加速等,若不及时远离,可致人窒息、死亡。甲烷燃烧产物为一氧化碳和二氧化碳,也可引起中毒或缺氧。

3. 氮气(N_2)

氮气是空气的主要成分,其化学性质不活泼,常用作保护气防止物体暴露于空气中被氧化,或用作工业上的清洗剂,来置换设备中的危险有害气体等。常压下氮气无毒,当作业环境中氮气浓度增高时,可引起单纯性缺氧窒息。吸入高浓度氮气,人会迅速昏迷,因呼吸和心跳停止而死亡。

4. 氩气(Ar)

氩气是一种无色无味的惰性气体,作为保护气被广泛用于工业生产领域,通常用于焊接过程中防止焊接件被空气氧化或氮化。常压下氩气无毒,作业环境中氩气浓度增高,会引发人单纯性缺氧窒息。氩气含量达到 75%以上时可在数分钟内导致人员窒息死亡。液态氩可致皮肤冻伤,眼部接触可引起炎症。

三、燃爆

当有限空间中积聚的甲烷、氢气等可燃性气体,以及铝粉、玉米淀粉、煤粉等可燃性粉尘与空气混合形成爆炸性混合物,其浓度达到爆炸极限,遇明火、化学反应放热、撞击或摩擦火花、电气火花、静电火花等点火源时,就会发生燃爆。因此,有限空间内可燃气体浓度应低于爆炸下限的 10%。

四、其他风险

有限空间内还可能存在淹溺、高处坠落、触电、物体打击、机械伤害、灼烫、坍塌、掩埋和高温高湿等安全风险。

1. 淹溺

作业过程中突然涌入大量液体,以及作业人员因发生中毒、窒息、受伤或不慎跌入液体中,都可能造成人员淹溺。发生淹溺后人体常见的表现有面部和全身青紫、烦躁不安、抽筋、呼吸困难、吐带血的泡沫痰、昏迷、意识丧失、呼吸心跳停止。

2. 高处坠落

许多有限空间进出口距底部超过 2 m，一旦人员未佩戴有效坠落防护用品，在进出有限空间或作业时有发生高处坠落的风险。高处坠落可能导致四肢、躯干、腰椎等部位受冲击而造成重伤致残，或是因脑部或内脏损伤而致命。

3. 触电

有限空间作业过程中使用电钻、电焊等设备，可能存在触电的危险。当通过人体的电流超过一定值（感知电流）时，人就会产生痉挛，不能自主脱离带电体；当通过人体的电流超过 50 mA，就会使人呼吸和心跳停止而死亡。

4. 物体打击

有限空间外部或上方物体掉入有限空间内，以及有限空间内部物体掉落，可能对作业人员造成人身伤害。

5. 机械伤害

有限空间作业过程中可能涉及机械运行，如未实施有效关停，人员可能因机械的意外启动而遭受伤害，造成外伤性骨折、出血、休克、昏迷，严重的会直接导致死亡。

6. 灼烫

有限空间内存在的燃烧体、高温物体、化学品（酸、碱及酸碱性物质等）、强光、放射性物质等，可能造成人员烧伤、烫伤和灼伤。

7. 坍塌

有限空间在外力或重力作用下，可能因超过自身强度极限或因结构稳定性被破坏而引发坍塌事故。人员被坍塌的结构体掩埋后，会因压迫导致伤亡。

8. 掩埋

当人员进入粮仓、料仓等有限空间，可能因人员体重或所携带工具质量过大，导致物料流动而掩埋人员，或者人员进入时未有效隔离，导致物料的意外注入而将人员掩埋。人员被物料掩埋后，会因呼吸系统阻塞而窒息死亡，或因压迫、碾压而导致死亡。

9. 高温高湿

作业人员长时间在温度过高、湿度很大的环境中作业，可能会导致人体机能严重下降。高温高湿环境可使作业人员产生热、渴、烦、头晕、心慌、无力、疲倦等不适感，甚至导致人员发生热衰竭、失去知觉或死亡。

第二节　有限空间危害因素的辨识

一、气体危害辨识方法

对于中毒、缺氧窒息、气体燃爆风险，主要从有限空间内部存在或产生、作业时产生和外部环境影响产生等三方面进行辨识。

1. 内部存在或产生的风险

(1)有限空间内储存、使用、残留有毒有害气体以及可能产生有毒有害气体的物质，导致中毒。

(2)有限空间长期封闭，通风不良，或内部发生生物有氧呼吸等耗氧性化学反应，或存在单纯性窒息气体，导致缺氧。

(3)有限空间内储存、残留或产生易燃易爆气体，导致燃爆。

2. 作业时产生的风险

(1)作业时使用的物料挥发或产生有毒有害、易燃易爆气体，导致中毒或燃爆。

(2)作业时大量消耗氧气，或引入单纯性窒息气体，导致缺氧。

(3)作业时产生明火或潜在的点火源，增加了燃爆风险。

3. 外部环境影响产生的风险

与有限空间相连或接近的管道内单纯性窒息气体、有毒有害气体、易燃易爆气体扩散、泄漏到有限空间内，导致缺氧、中毒、燃爆等。

对于中毒、缺氧窒息和气体燃爆风险，使用气体检测报警仪进行针对性的检测是最直接有效的方法。检测后，各类气体浓度评判标准如下：

(1)有毒气体浓度应低于《工作场所有害因素职业接触限值　第1部分：化学有害因素》(GBZ 2.1—2019)规定的最高容许浓度或短时间接触容许浓度，无上述两种浓度值的，应低于时间加权平均容许浓度。有限空间常见有毒气体浓度判定限值参见附录3。

(2)氧气含量(体积分数)应为19.5%～23.5%。

(3)可燃气体浓度应低于爆炸下限的10%。

2. 其他安全风险辨识方法

(1)对淹溺风险，应重点考虑有限空间内是否存在较深的积水，作业期间是否可能遇到强降雨等极端天气导致水位上涨。

(2)对高处坠落风险，应重点考虑有限空间深度是否超过2 m，是否在其内进行高于基准面2 m的作业。

(3)对触电风险，应重点考虑有限空间内使用的电气设备、电源线路是否存在老化破损。

(4)对物体打击风险，应重点考虑有限空间作业是否需要进行工具、物料传送。

(5)对机械伤害风险，应重点考虑有限空间内的机械设备是否可能意外启动或防护措施失效。

(6)对灼烫风险,应重点考虑有限空间内是否有高温物体或酸碱类化学品、放射性物质等。

(7)对坍塌风险,应重点考虑处于在建状态的有限空间边坡、护坡、支护设施是否出现松动,或有限空间周边是否有严重影响其结构安全的建(构)筑物等。

(8)对掩埋风险,应重点考虑有限空间内是否存在谷物、泥沙等可流动固体。

(9)对高温高湿风险,应重点考虑有限空间内是否温度过高、湿度过大等。

二、常见有限空间作业主要安全风险辨识示例

常见有限空间作业主要安全风险辨识示例见表3-2。

表3-2 常见有限空间作业主要安全风险辨识示例

<table>
<tr><th>有限空间种类</th><th>有限空间</th><th>作业可能存在的主要安全风险</th></tr>
<tr><td rowspan="6">地下
有限空间</td><td>废井、地坑、地窖、通信井</td><td>缺氧、高处坠落</td></tr>
<tr><td>电力工作井(隧道)</td><td>缺氧、高处坠落、触电</td></tr>
<tr><td>热力井(小室)</td><td>缺氧、高处坠落、高温高湿、灼烫</td></tr>
<tr><td>污水井、污水处理池、沼气池、化粪池、下水道</td><td>硫化氢中毒、缺氧、可燃性气体爆炸、高处坠落、淹溺</td></tr>
<tr><td>燃气井(小室)</td><td>缺氧、可燃性气体爆炸、高处坠落</td></tr>
<tr><td>深基坑</td><td>缺氧、高处坠落、坍塌</td></tr>
<tr><td rowspan="3">地上
有限空间</td><td>酒糟池、发酵池、纸浆池</td><td>硫化氢中毒、缺氧、高处坠落</td></tr>
<tr><td>腌渍池</td><td>硫化氢中毒、氰化氢中毒、缺氧、高处坠落、淹溺</td></tr>
<tr><td>粮仓</td><td>缺氧、磷化氢中毒、可燃性粉尘爆炸、高处坠落、掩埋</td></tr>
<tr><td rowspan="2">密闭设备</td><td>窑炉、炉膛、锅炉、烟道、煤气管道及设备</td><td>缺氧、一氧化碳中毒、可燃性气体爆炸</td></tr>
<tr><td>贮罐、反应釜(塔)</td><td>缺氧、中毒、可燃性气体爆炸、高处坠落</td></tr>
</table>

第四章　有限空间作业安全防护设备设施

第一节　安全防护设备设施种类

一、便携式气体检测报警仪

便携式气体检测报警仪可连续实时监测并显示被测气体浓度，当达到设定报警值时可实时报警。按传感器数量划分，便携式气体检测报警仪可分为单一式[见图 4-1(a)]和复合式[见图 4-1(b)(c)]；按采样方式划分，便携式气体检测报警仪可分为扩散式[见图 4-1(a)(b)]和泵吸式[见图 4-1(c)]。

单一式气体检测报警仪内置单一传感器，只能检测一种气体。复合式气体检测报警仪内置多个传感器，可检测多种气体。有限空间作业主要使用复合式气体检测报警仪。

扩散式气体检测报警仪利用被测气体自然扩散到达检测仪的传感器进行检测，因此无法进行远距离采样，一般适合作业人员随身携带进入有限空间，在作业过程中实时检测周边气体浓度。泵吸式气体检测报警仪采用一体化吸气泵或者外置吸气泵，通过采气管将远距离的气体吸入检测仪中进行检测。作业前应在有限空间外使用泵吸式气体检测报警仪进行检测。

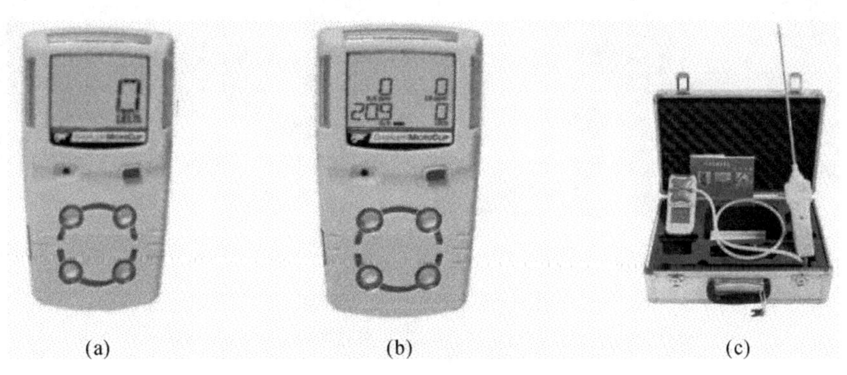

(a)　(b)　(c)

图 4-1　便携式气体检测报警仪

(a) 单一式扩散式气体检测报警仪；(b) 复合扩散式气体检测报警仪；(c) 复合泵吸式气体检测报警仪

使用便携式气体检测报警仪时应注意以下事项：

(1)便携式气体检测报警仪应符合《作业场所环境气体检测报警仪　通用技术要求》(GB 12358—2006)的规定，其检测范围、检测和报警精度应满足工作要求。

(2)便携式气体检测报警仪应每年至少检定或校准1次，量值准确方可使用。

(3)仪器外观检查合格后，在洁净空气下开机，确认“零点”正常后再进行检测。若数据异常，应先进行手动“调零”。

(4)使用泵吸式气体检测报警仪时，应确保采样泵、采样管处于完好状态。

(5)使用后，在洁净环境中待数据回归“零点”后关机。

二、呼吸防护用品

根据呼吸防护方法，呼吸防护用品可分为隔绝式和过滤式两种类型。

1.隔绝式呼吸防护用品

隔绝式呼吸防护用品能使佩戴者呼吸器官与作业环境隔绝，靠本身携带的气源或者通过导气管引入作业环境以外的洁净气源供佩戴者呼吸。常见的隔绝式呼吸防护用品有长管呼吸器、正压式空气呼吸器和隔绝式紧急逃生呼吸器。

(1)长管呼吸器。长管呼吸器主要分为自吸式、连续送风式和高压送风式3种。自吸式长管呼吸器依靠佩戴者自主呼吸，克服过滤元件阻力，将清洁的空气吸进面罩内[见图4-2(a)]；连续送风式长管呼吸器通过风机或空压机供气为佩戴者输送洁净空气[见图4-2(b)(c)]；高压送风式长管呼吸器通过压缩空气或高压气瓶供气为佩戴者提供洁净空气[见图4-2(d)]。自吸式长管呼吸器使用时可能存在面罩内气压小于外界气压的情况，此时外部有毒有害气体会进入面罩内，因此有限空间作业时不能使用自吸式长管呼吸器，而应选用符合《呼吸防护　长管呼吸器》(GB 6220—2009)的连续送风式或高压送风式长管呼吸器。

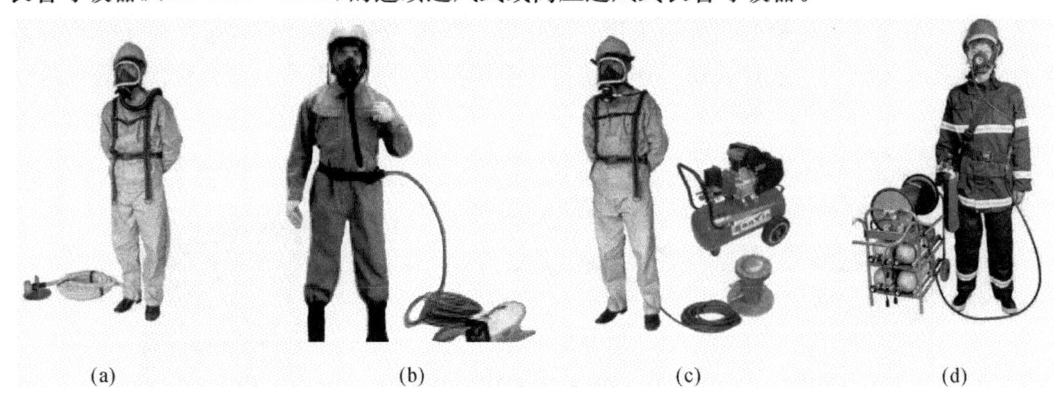

(a)　(b)　(c)　(d)

图4-2　长管呼吸器分类

(a)自吸式；(b)电动送风式；(c)空压机送风式；(d)高压送风式

(2)正压式空气呼吸器。正压式空气呼吸器(见图4-3)是使用者自带压缩空气源的一种正压式隔绝式呼吸防护用品。正压式空气呼吸器使用时间受气瓶气压和使用者呼吸量等因素影响，一般供气时间为40 min左右，主要用于应急救援或在危险性较高的作业环境内短时间作业使用，但不能在水下使用。正压式空气呼吸器应符合《自给开路式压缩空气呼吸器》(GB/T 16556—2007)的规定。

(3)隔绝式紧急逃生呼吸器。隔绝式紧急逃生呼吸器(见图 4-4)是在出现意外情况时，帮助作业人员自主逃生使用的隔绝式呼吸防护用品，一般供气时间为 15 min 左右。

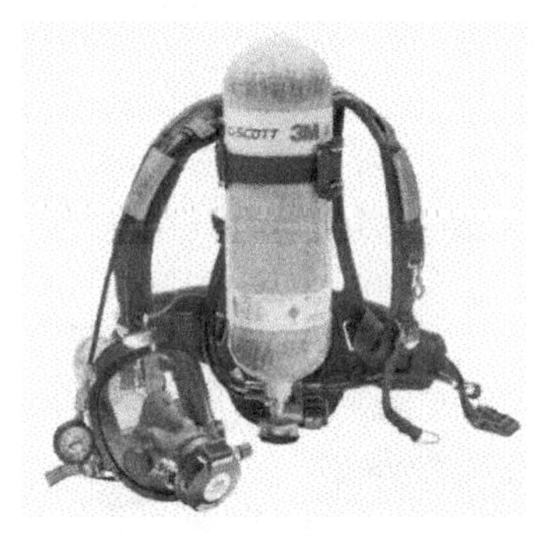

图 4-3　正压式空气呼吸器

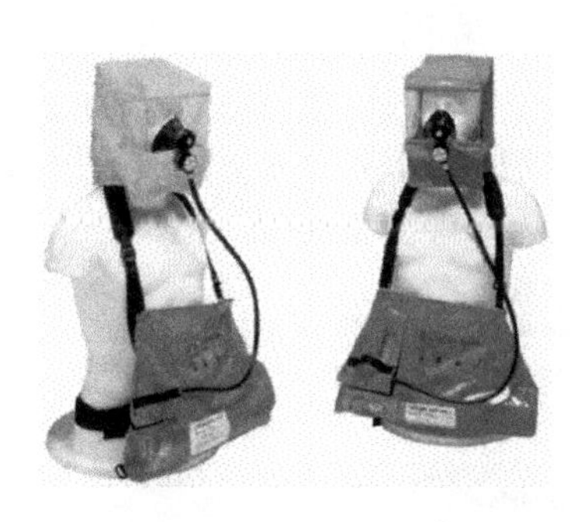

图 4-4　隔绝式紧急逃生呼吸器

呼吸防护用品使用前应确保其完好、可用。各呼吸器使用前检查要点见表 4-1。

表 4-1　呼吸防护用品使用前检查要点

检查要点	连续送风式长管呼吸器	高压送风式长管呼吸器	正压式空气呼吸器	隔绝式紧急逃生呼吸器
面罩气密性是否完好	√	√	√	√
导气管是否破损，气路是否通畅	√	√	√	√
送风机是否正常送风	√			
气瓶气压是否不低于 25 MPa 的最低工作压力		√	√	√
报警哨是否在 5.5±0.5 MPa 时开始报警并持续发出鸣响		√	√	
气瓶是否在检验有效期内		√	√	√

注：根据《气瓶安全技术监察规程》(TSG R0006—2014)的要求，气瓶应每 3 年送至有资质的单位检验 1 次。

呼吸防护用品使用后应根据产品说明书的指引定期清洗和消毒，不用时应存放于清洁、干燥、无油污、无阳光直射和无腐蚀性气体的地方。

2. 过滤式呼吸防护用品

过滤式呼吸防护用品能通过净化部件的吸附、吸收、催化或过滤等作用，把使用者从作业环境吸入的气体中的有害物质去除，使其能够作为气源供使用者呼吸。常见的过滤式呼吸防护用品有防尘口罩和防毒面具等。在选用过滤式呼吸防护用品时应充分考虑其局限性，主要包括：过滤式呼吸防护用品不能在缺氧环境中使用；现有的过滤元件不能防护全部有毒有害物质；过滤元件容量有限，防护时间会随有毒有害物质浓度的升高而缩短，有毒有害物质浓度过高时甚至可能瞬时穿透过滤元件。鉴于过滤式呼吸防护用品的局限性和有限空间作业的高风险性，作业时不宜使用过滤式呼吸防护用品。若要使用，必须全面考量，充分考虑有限空间作业环境中有毒有害气体种类和浓度范围，确保所选用的过滤式呼吸防护用品与作业环境中有毒有害气体相匹配，防护能力满足作业安全要求，并在使用过程中加强监护，确保使用人员安全。

三、坠落防护用品

有限空间作业常用的坠落防护用品主要包括全身式安全带[见图 4－5(a)]、速差自控器[见图 4－5(b)]、安全绳[见图 4－5(c)]以及三脚架[见图 4－5(d)]等。

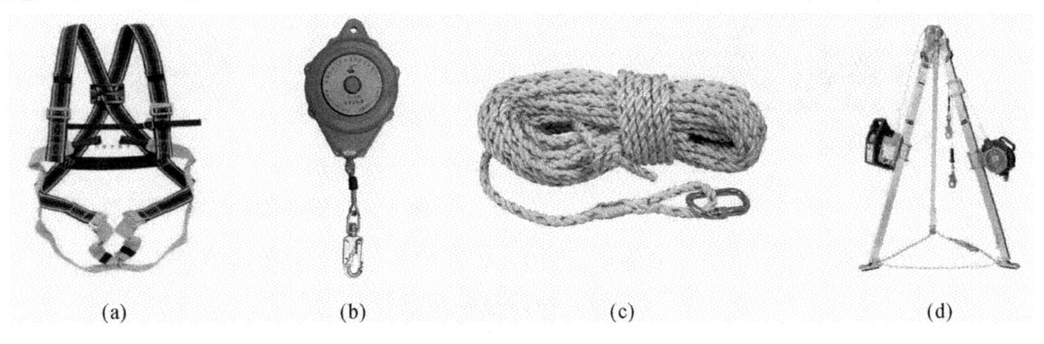

(a) (b) (c) (d)

图 4－5 坠落防护用品

(a)全身式安全带；(b)速差自控器(防坠器)；(c)安全绳；(d)三脚架(挂点装置)

1. 全身式安全带

全身式安全带可在坠落者坠落时保持其正常体位，防止坠落者从安全带内滑脱，还能将冲击力平均分散到整个躯干部分，减少对坠落者身体的伤害。全身式安全带应在制造商规定的期限内使用，一般不超过 5 年，如发生坠落事故或有影响安全性能的损伤，则应立即更换；使用环境特别恶劣或者使用格外频繁的，应适当缩短全身式安全带的使用期限。

2. 速差自控器

速差自控器又称速差器、防坠器等，使用时安装在挂点上，通过装有可伸缩长度的绳(带)串联在系带和挂点之间，在坠落发生时因速度变化引发制动从而对坠落者进行防护。

3. 安全绳

安全绳是在安全带中连接系带与挂点的绳(带)，一般与缓冲器配合使用，起到吸收冲击能量的作用。

4. 三脚架

三脚架作为一种移动式挂点装置，广泛用于有限空间作业(垂直方向)中，特别是三脚架与绞盘、速差自控器、安全绳、全身式安全带等配合使用，可用于有限空间作业的坠落防护和事故应急救援。

四、其他个体防护用品

为避免或减轻人员头部受到的伤害，有限空间作业人员应佩戴安全帽[见图 4－6(a)]。

安全帽应在有效期内使用，受到较大冲击后，无论是否发现帽壳有明显的断裂纹或变形，都应停止使用并立即更换。

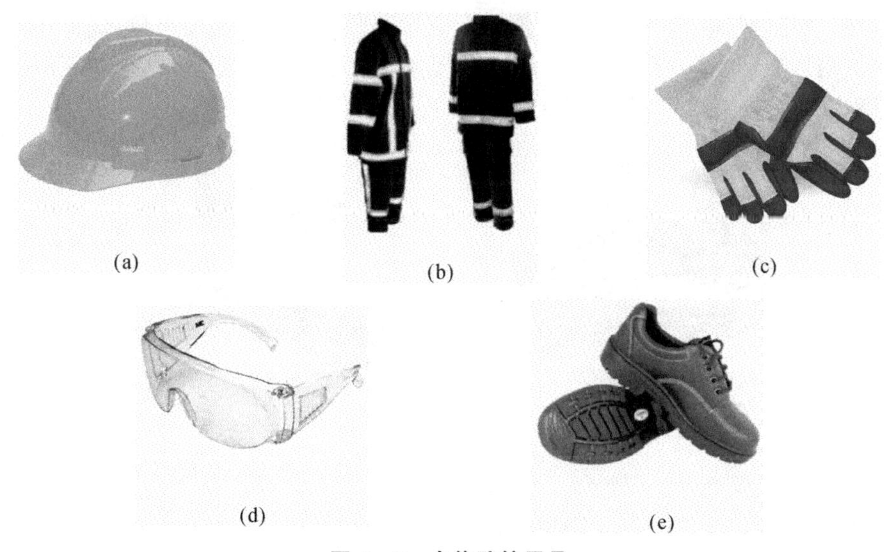

图 4-6　个体防护用品

(a)安全帽；(b)防护服；(c)防护手套；(d)防护眼镜；(e)防护鞋

应根据有限空间作业环境特点，按照《个体防护装备选用规范》(GB/T 11651—2008)为作业人员配备防护服[见图 4-6(b)]、防护手套[见图 4-6(c)]、防护眼镜[见图 4-6(d)]、防护鞋[见图 4-6(e)]等个体防护用品。例如：易燃易爆环境，应配备防静电服、防静电鞋；涉水作业环境，应配备防水服、防水胶鞋；有限空间作业时可能接触酸、碱等腐蚀性化学品的，应配备防酸碱防护服、防护鞋、防护手套等。

五、安全器具

1.通风设备

移动式风机和风管(见图 4-7)是对有限空间进行强制通风的设备，通常有送风和排风 2 种通风方式。使用时应注意：

(1)移动式风机应与风管配合使用。

(2)使用前应检查风管有无破损，风机叶片是否完好，电线有无裸露，插头有无松动，风机能否正常运转。

图 4-7　移动式风机和风管

2. 照明设备

当有限空间内照度不足时，应使用照明设备。有限空间作业常用的照明设备有头灯[见图 4－8(a)]、手电[见图 4－8(b)]等。使用前应检查照明设备的电池电量，保证作业过程中能够正常使用。有限空间内使用照明灯具电压应不大于 24 V，在积水、结露等潮湿环境的有限空间和金属容器中作业，照明灯具电压应不大于 12 V。

(a)　　(b)

图 4－8　照明设备

(a)头灯；(b)手电

3. 通信设备

当作业现场无法通过目视、喊话等方式进行沟通时，应使用对讲机(见图 4－9)等通信设备，便于现场作业人员之间的沟通。

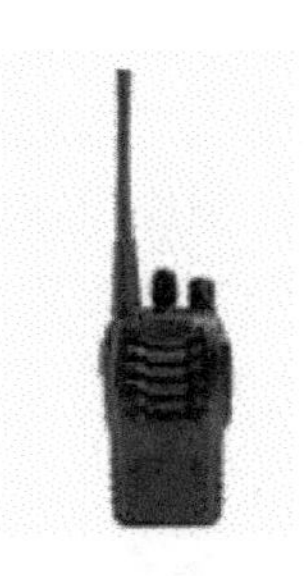

图 4－9　对讲机

4. 围挡设备和警示设施

有限空间作业过程中常用的围挡设备如图 4－10 所示，常用的安全警示标志(见图 4－11)或安全告知牌。

图 4－10　有限空间作业过程中常用的围挡设备

图 4-11　安全警示标志

第二节　安全防护设备设施选用原则、操作方法、使用及维护注意事项

一、正压式空气呼吸器

1.选用原则

正压式空气呼吸器是一种自给开放式空气呼吸防护用品装备，属于隔绝式呼吸防护设备里的一种，相比过滤式呼吸防护用品设备，正压式空气呼吸器防护毒气的范围更广，防护时间也更长，安全性能更高，主要适用于消防、化工、船舶、石油、冶炼、厂矿和实验室等，使消防员或抢险救护人员能够在充满浓烟、毒气、蒸汽或缺氧的恶劣环境下安全地进行灭火、抢险救灾和救护工作。

目前市场中经常见到的正压式空气呼吸器，一般由气瓶、背托、报警哨、减压阀、面罩、供气阀、输气管、压力表等部件组成，一些高端的正压式空气呼吸器，在原有配件上增加压力平视装置和用于指示当前气瓶气压范围的电子装置，帮助使用者在不查看警报器上气瓶压力数值的情况下，大致判断剩余气压，但是，需注意的是，该装置必须与电子警报器配合使用。正压式空气呼吸器的选择原则主要为质量轻、视野宽阔、操作简便、耐使用等。正压式呼吸器组成如图 4-12 所示。

2.使用步骤：

(1)检查。检查瓶阀是否处于关闭状态；使用前必须检查气瓶束带扣是否有松动，束带扣必须扣紧。完全打开瓶阀，压力表显示压力在 30 MPa，否则有效使用时间缩短。关闭瓶阀，观察压力表，在 1 min 内压力下降不得大于 2 MPa。报警哨检查：关闭供气阀(与面罩脱离即可)，打开瓶阀，让管路充满气体，再关闭瓶阀。打开强制供气阀(按下供气阀上黄色按钮)，缓慢释放管路气体，同时观察压力表的变化。当压力表显示到(5.5±0.5)MPa 时，报警哨必须开始报警。

(2)佩戴。背上整套装置，双手扣住身体两侧的肩带 D 形环，身体前倾，向后下方拉紧

D形环直到肩带及背架与身体充分贴合。扣上腰带，拉紧。打开瓶阀至少一圈。一只手托住面罩，面罩口鼻罩与脸部完全贴合，另一只手将头带后拉罩住头部，收紧头带。检测面罩的气密性：用手掌封住供气口吸气，如果感到无法呼吸且面罩充分贴合则说明密封良好。将供气阀推进面罩供气口，听到“咔嗒声”，快速接口的两侧按钮同时复位，则表示已正确连接。完成以上步骤即可正常呼吸。

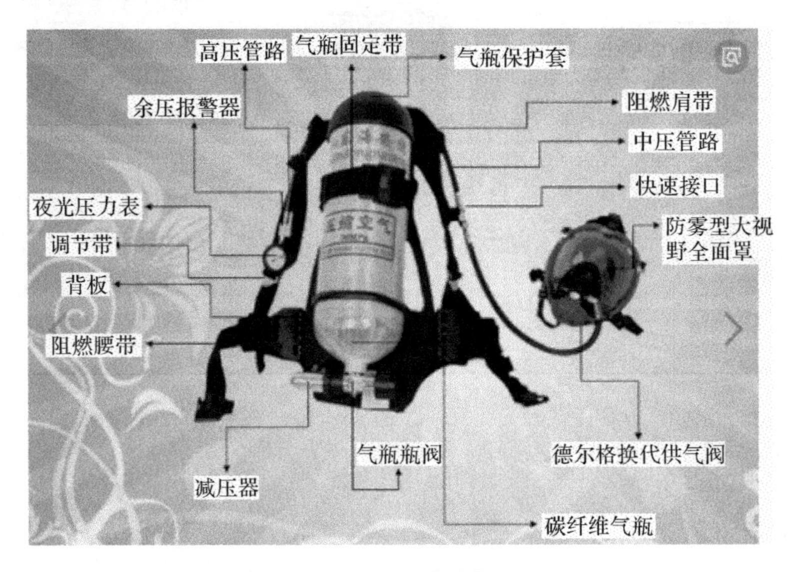

图 4-12 正压式呼吸器组成图

(3)使用完毕后的步骤。按下供气阀快速接口两侧的按钮，使面罩与供气阀脱离。扳开头戴扳扣卸下面罩，打开腰带扣，松开肩带卸下呼吸器。

3. 正压式空气呼吸器使用注意事项

(1)使用前必须按步骤检测呼吸器是否正常，否则有可能导致使用者的生命危险。

(2)必须正确佩戴面罩以确保有效的保护效果，蓄有胡须和佩戴眼镜的人不能使用该呼吸器。

(3)在工作过程中时刻关注压力表的变化。当气瓶压力达到(5.5±0.5)MPa时，报警哨开始鸣叫，这时必须马上撤离有毒工作环境到安全区域，否则将有生命危险。

(4)在恶劣和紧急的情况下(例如受伤或呼吸困难)或者使用者需要额外空气补给时，打开强制供气阀(按下供气阀黄色按钮)，呼吸气流将增大到450 L/min。

需注意的是，气瓶的使用年限是15年，气瓶应该按照规定的周期进行测试，不得使用未检验的产品；如发现气瓶损坏、腐蚀，则禁止充气；气瓶必须在额定的工作压力下工作，禁止超压使用；使用时应轻拿轻放；所充空气应符合标准要求；禁止将气瓶完全放气；气瓶应存放于干燥的地方，禁止靠近热源和火焰，禁止人工加热气瓶。

二、电动送风长管呼吸器

电动送风长管呼吸器是利用小型送风机将符合大气质量标准的新鲜空气经无毒无味长

管供给使用者，是一种保护人体呼吸系统安全的防护装备，适用于化工、石油、煤气、冶金、市政等部门，为作业人员进入有毒、有害、缺氧的环境或在粉尘、浓烟弥漫的环境中进行作业提供保护，也可以为抢险救灾人员进入灾区现场抢险提供保护。

电动送风式长管呼吸器使用步骤及注意事项：

(1)使用前必须检查各连接口和整机的气密性，不得出现松动，以免漏气而危害使用者的健康。

(2)先将插入面罩一端的适当长度软管穿入安全腰带上的带口中，收紧腰带，使长管固定于腰带上，防止拖拽时影响面罩的佩戴。

(3)男士在佩戴面具之前应将胡须刮净，以免胡须影响面罩的佩戴气密性。

(4)送风机使用前应实现可靠接地。

(5)面罩镜片不可与有机溶剂接触，以免损坏。另外应尽量避免碰撞与摩擦，以免刮伤镜片表面。

(6)出现以下情况时，应立即停止工作并撤离现场：①呼吸困难；②有害气体使人乏困；③闻到有害气体味道；④有害气体使眼睛、鼻子、嘴等部位受到刺激；⑤出现空气流量的异常情况或停止空气供气；⑥由于出现停电故障等，停止运行。

三、紧急逃生呼吸器

紧急逃生空气呼吸器由压缩空气瓶、减压器、压力表、输气导管、头罩、背包等组成，能提供个人 10 min 或 15 min 以上的恒流气体，可供处于有毒、有害、烟雾、缺氧环境中的人员逃生使用。

气瓶上装有压力表，始终显示气瓶内压力。头罩或全面罩上装有呼气阀，将使用者呼出的气体排出保护罩外，由于保护罩内的气体压力大于外界环境大气压力，所以环境气体不能进入保护罩，从而达到呼吸保护的目的。该装置体积小，可由人员随身携带且不影响人员的正常活动。

其结构简单，操作简便，使用者在未经培训的情况下，简要阅读使用说明后即可正确操作。紧急逃生呼吸器仅用于从有危险气体的场所逃生，不得用于救火、进入缺氧舱或液货舱，也不得供消防队员穿着使用。

紧急逃生呼吸器装备一个能遮盖头部、颈部、肩部的防火焰头罩，头罩上有一个清晰、宽阔、明亮的观察视窗。其操作简便，打开气瓶阀戴上头罩即可，无其他任何附加动作。

四、通风设备

有限空间作业选用通风设备时，应根据有限空间体积而定，并确保能够提供有限空间所需新鲜空气的气流量。通风设备宜选用Ⅱ类(外壳绝缘)设备，电源线使用橡套电缆线。在易燃易爆场所使用的，必须用防爆型风机。有限空间场所可能存在密度大于空气的有毒有害气体，使用风机进行通风换气时，应将风机安装在有限空间的中下部。

有限空间作业中断超过 30 min，作业人员再次进入有限空间作业前，应当重新通风，检测合格后方可进入。

五、救援三脚架

救援三脚架适用于高处、悬崖及密闭空间作业，广泛应用于企业、消防、市政及救援机构。救援三脚架的主体结构如图 4 - 13 所示。

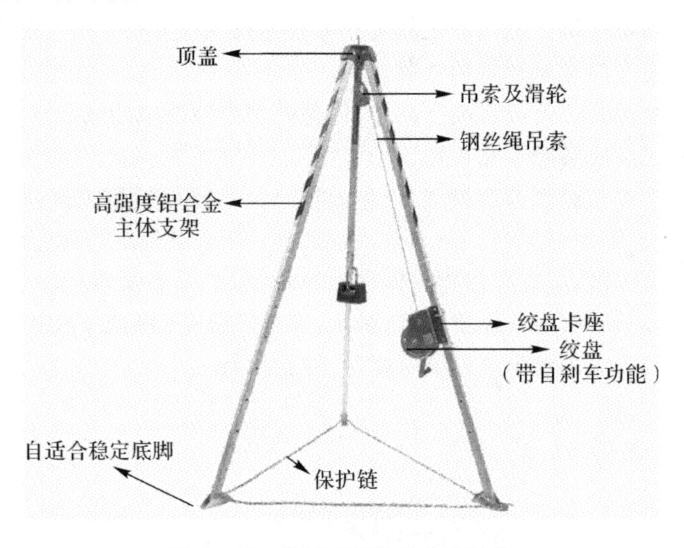

图 4 - 13　救援三脚架的主体结构

救援三脚架的安装方法：第一步，取掉救援三脚架上固定好的销子，将救援三脚架的三根绳拉到最长，然后固定好，装上固定销子；第二步，把救援三脚架的三条腿撑起来，然后把救援三脚架的三个角固定好，直到固定绳全部收紧；第三步，将救援三脚架放在需要工作的工作面上就可以开始工作了。

使用救援三脚架时，摇动手动绞盘的摇把，或将电动绞盘接上要求电源后按上升或下降键即可控制吊索的上、下，从而达到救援的目的。手动和电动绞盘都有自锁装置，在上升时发生意外，突然摇不动摇把或断电，负荷或人不会向下掉。只有向下摇动或按下降键时才向下运动。

救援三脚架的保养方法：

(1)救援三脚架是起重设备，必须每月由专人进行检查，每次使用前要检查吊索是否能正常绕在绞轮上。

(2)定期检查吊索的连接接头是否足够牢固。

(3)绞盘上的吊索在开放时需要留有 3～4 圈，以确保吊索不滑落。

(4)救援三脚架应存放在干燥处，不得与酸、碱等腐蚀性液体存放在一起。

第五章　有限空间作业安全风险防控与事故隐患排查

第一节　有限空间作业安全管理措施

一、建立健全有限空间作业安全管理制度

为规范有限空间作业安全管理，存在有限空间作业的单位应建立健全有限空间作业安全管理制度和安全操作规程。安全管理制度主要包括安全责任制度、作业审批制度、作业现场安全管理制度、相关从业人员安全教育培训制度、应急管理制度等。有限空间作业安全管理制度应纳入单位安全管理制度体系统一管理，可单独建立，也可与相应的安全管理制度进行有机融合。在制度和操作规程内容上，既要符合相关法律法规、规范和标准要求，又要充分结合本单位有限空间作业的特点和实际情况，确保具备科学性和可操作性。

二、辨识有限空间并建立健全管理台账

存在有限空间作业的单位应根据有限空间的定义，辨识本单位存在的有限空间及其安全风险，确定有限空间数量、位置、名称、主要危险有害因素、可能导致的事故及后果、防护要求、作业主体等情况，建立有限空间管理台账并及时更新。有限空间管理台账样式可参照表5-1。

表5-1　有限空间管理台账示例

序 号	所在区域	有限空间名称或编号	主要危险有害因素	事故及后果	防护要求	作业主体

三、设置安全警示标志或安全告知牌

对辨识出的有限空间作业场所，应在显著位置设置安全警示标志或安全告知牌(示例参见附录4)，以提醒人员增强风险防控意识并采取相应的防护措施。

四、开展相关人员有限空间作业安全专项培训

存在有限空间作业的单位应对有限空间作业分管负责人、安全管理人员、作业现场负责人、监护人员、作业人员、应急救援人员进行专项安全培训。参加培训的人员应在培训记录上签字确认，单位应妥善保存培训的相关材料。

培训内容主要包括有限空间作业安全基础知识，有限空间作业安全管理，有限空间作业危险有害因素和安全防范措施，有限空间作业安全操作规程，安全防护设备、个体防护用品及应急救援装备的正确使用，紧急情况下的应急处置措施，等等。

分管负责人和安全管理人员应当具备相应的有限空间作业安全生产知识和管理能力。有限空间作业现场负责人、监护人员、作业人员和应急救援人员应当了解和掌握有限空间作业危险有害因素和安全防范措施，熟悉有限空间作业安全操作规程、设备使用方法、事故应急处置措施及自救和互救知识等。

五、配置有限空间作业安全防护设备设施

为确保有限空间作业安全，机关单位应根据有限空间作业环境和作业内容，配备气体检测设备、呼吸防护用品、坠落防护用品、其他个体防护用品，以及通风设备、照明设备、通信设备和应急救援装备等；应加强设备设施的管理和维护保养，并指定专人建立设备台账，负责维护、保养和定期检验、检定和校准等工作，确保设备设施处于完好状态，发现其存在安全隐患时，应及时修复或更换。

六、制定应急救援预案并定期演练

存在有限空间作业的单位应根据有限空间作业的特点，辨识可能的安全风险，明确救援工作分工及职责、现场处置程序等，按照《生产安全事故应急预案管理办法》(应急管理部令第2号)和《生产经营单位生产安全事故应急预案编制导则》(GB/T 29639—2020)，制定科学、合理、可行、有效的有限空间作业安全事故专项应急预案或现场处置方案，定期组织培训，确保有限空间作业现场负责人、监护人员、作业人员以及应急救援人员掌握应急预案内容。有限空间作业安全事故专项应急预案应每年至少组织1次演练，现场处置方案应至少每半年组织1次演练。

七、加强有限空间发包作业管理

将有限空间作业发包的，承包单位应具备相应的安全生产条件，即应满足有限空间作业安全所需的安全生产责任制、安全生产规章制度、安全操作规程、安全防护设备、应急救援装备、人员资质和应急处置能力等方面的要求。

发包单位对发包作业安全承担主体责任。发包单位应与承包单位签订安全生产管理协议，明确双方的安全管理职责，或在合同中明确约定各自的安全生产管理职责。发包单位应对承包单位的作业方案和实施的作业进行审批，对承包单位的安全生产工作统一协调、管理，定期进行安全检查，发现安全问题时，应当及时督促整改。

承包单位对其承包的有限空间作业安全承担直接责任，应严格按照有限空间作业安全要求开展作业。

第二节　有限空间作业过程风险防控

有限空间作业各阶段风险防控关键要素如图 5－1 所示。

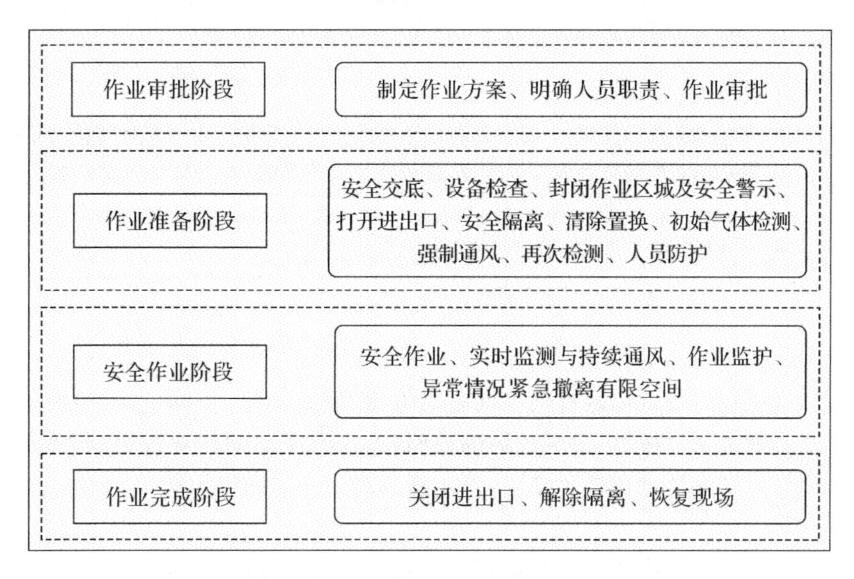

图 5－1　有限空间作业各阶段风险防控关键要素

一、作业审批

1. 制定作业方案

作业前应对作业环境进行安全风险辨识，分析存在的危险有害因素，提出消除、控制危害的措施,制定详细的作业方案。作业方案应经本单位相关人员审核和批准。

2. **明确人员职责**

根据有限空间作业方案,确定作业现场负责人、监护人员、作业人员,并明确其安全职责。根据工作实际,现场负责人和监护人员可以为同一人。相关人员主要安全职责见表5-2。

表5-2　作业现场相关人员主要安全职责

人员类别	主要安全职责
作业现场负责人	1.填写有限空间作业审批材料,办理作业审批手续; 2.对全体人员进行安全交底; 3.确保作业人员上岗资格、身体状况符合要求; 4.掌控作业现场情况,作业环境和安全防护措施符合要求后许可作业,当有限空间作业条件发生变化且不符合安全要求时,终止作业; 5.发生有限空间作业事故,及时报告,并按要求组织现场处置
监护人员	1.接受安全交底; 2.检查安全措施的落实情况,发现落实不到位或措施不完善时,有权下达暂停或终止作业的指令; 3.持续对有限空间作业进行监护,确保与作业人员进行有效的信息沟通; 4.出现异常情况时,发出撤离警告,并协助人员撤离有限空间; 5.警告并劝离未经许可试图进入有限空间作业区域的人员
作业人员	1.接受安全交底; 2.遵守安全操作规程,正确使用有限空间作业安全防护设备与个体防护用品; 3.服从作业现场负责人安全管理,接受现场安全监督,配合监护人员的指令,作业过程中与监护人员定期进行沟通; 4.出现异常时立即中断作业,撤离有限空间

3. **明确部门职责**

(1)生产单位职责:负责编制有限空间施工方案,制定消除、控制危害的措施;负责实施有限空间施工有毒有害气体、可燃性气体的检测;办理有限空间作业许可证;本单位安全员负责对现场责任工作人员进行技术交底;发生事故时第一时间组织救援。

(2)安全部门职责:

1)负责对有限空间作业从业人员进行安全生产培训,全过程掌握作业期间情况,保证在有限空间外持续监护,能够与作业者进行有效的操作作业、报警、撤离等信息沟通;在紧急情况下向作业者发出撤离警告,必要时立即呼叫应急救援服务,并在有限空间外实施紧急救援工作;防止未授权的人员进入。

2)应了解整个作业过程中存在的危险危害因素;确认作业环境、作业程序、防护设施、作业人员符合要求后,授权批准作业;并及时掌握作业过程中可能发生的条件变化,当有限空间作业条件不符合安全要求时,命令终止作业。

3)应对有限空间作业负责人员、作业者和监护者开展安全教育培训,培训内容包括:有限空间存在的危险特性和安全作业要求；进入有限空间的程序；检测仪器、个人防护用品等设备的正确使用；事故应急救援措施与应急救援预案等。

4）培训结束后记载培训的内容、日期等有关情况。

4. 作业审批

应严格执行有限空间作业审批制度。审批内容应包括但不限于是否制定作业方案、是否配备经过专项安全培训的人员、是否配备满足作业安全需要的设备设施等。审批负责人应在审批单（示例参见附录5）上签字确认，未经审批不得擅自开展有限空间作业。

二、作业准备

1. 安全交底

作业现场负责人应对实施作业的全体人员进行安全交底，告知作业内容、作业过程中可能存在的安全风险、作业安全要求和应急处置措施等。交底后，交底人与被交底人双方应签字确认。

2. 设备检查

作业前应对安全防护设备、个体防护用品、应急救援装备、作业设备以及用具的齐备性和安全性进行检查，发现问题应立即修复或更换。当有限空间可能为易燃易爆环境时，设备和用具应符合防爆安全要求。

3. 封闭作业区域及安全警示

应在作业现场设置围挡（见图5－2），封闭作业区域，并在进出口周边显著位置设置安全警示标志或安全告知牌。

图5－2　作业现场围挡

占道作业的，应在作业区域周边设置交通安全设施[见图5－3(a)]。夜间作业的，应在作业区域周边显著位置设置警示灯，人员应穿着高可视警示服[见图5－3(b)]。

4. 打开进出口

作业人员站在有限空间外上风侧，打开进出口进行自然通风，如图5－4所示。可能存在爆炸危险的，开启时应采取防爆措施；若受进出口周边区域限制，作业人员开启时可能接触有限空间内涌出的有毒有害气体的，应佩戴相应的呼吸防护用品。

(a)　　　　(b)

图 5-3　占道、夜间作业安全警示

(a) 交通安全设施；(b) 高可视警示服

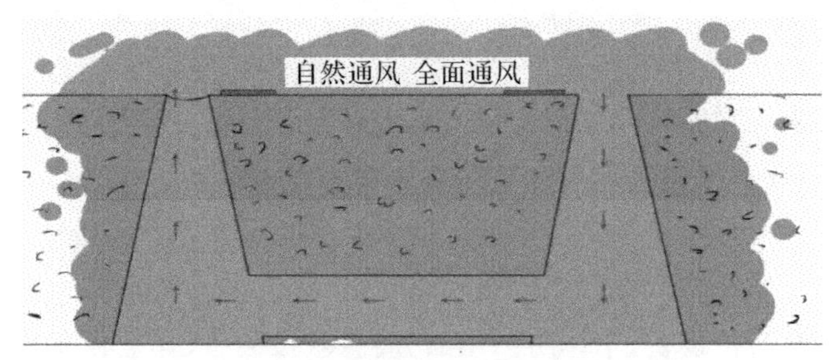

图 5-4　打开有限空间进出口进行自然通风

5. **安全隔离**

存在可能危及有限空间作业安全的设备设施、物料及能源时，应采取封闭、封堵、切断能源等可靠的隔离（隔断）措施，并上锁挂牌或安排专人看管，防止无关人员意外开启或移除隔离设施。

6. **清除置换**

有限空间内盛装或残留的物料对作业存在危害时，应在作业前对物料进行清洗、清空或置换。

7. **初始气体检测**

作业前应在有限空间外上风侧，使用泵吸式气体检测报警仪对有限空间内气体进行检测。有限空间内仍存在未清除的积水、积泥或物料残渣时，应先在有限空间外利用工具进行充分搅动，使有毒有害气体充分释放。检测应从出入口开始，沿人员进入有限空间的方向进行。垂直方向的检测由上至下，至少进行上、中、下 3 点检测（见图 5-5），水平方向的检测由近至远，至少进行进出口近端点和远端点两点检测。

作业前应根据有限空间内可能存在的气体种类进行有针对性检测，但应至少检测氧气、可燃气体、硫化氢和一氧化碳。当有限空间内气体环境复杂，作业单位不具备检测能力时，应委托具有相应检测能力的单位进行检测。

检测人员应当记录检测的时间、地点、气体种类和浓度等信息，并在检测记录表（示例参见附录 6）上签字。

有限空间内气体浓度检测合格后方可作业。

图 5－5　垂直方向的全体检测

8. **强制通风**

经检测，有限空间内气体浓度不合格的，必须对有限空间进行强制通风。强制通风时应注意：

(1)作业环境存在爆炸危险的，应使用防爆型通风设备。

(2)应向有限空间内输送清洁空气，禁止使用纯氧通风。

(3)有限空间仅有 1 个进出口时，应将通风设备出风口置于作业区域底部进行送风。有限空间有 2 个或 2 个以上进出口、通风口时，应在临近作业人员处进行送风，远离作业人员处进行排风，且出风口应远离有限空间进出口，防止有害气体循环进入有限空间。风机、风管的设置如图 5－6 所示。

(4)有限空间设置固定机械通风系统的，作业过程中应全程运行。

图 5－6　风机、风管的设置

9. **再次检测**

对有限空间进行强制通风一段时间后，应再次进行气体检测。检测结果合格后方可作业；检测结果不合格的，不得进入有限空间作业，必须继续进行通风，并分析可能造成气体浓度不合格的因素，采取更具针对性的防控措施。

10. **人员防护**

气体检测结果合格后，作业人员在进入有限空间前还应根据作业环境选择并佩戴符合要求的个体防护用品与安全防护设备，主要有安全帽、全身式安全带、安全绳、呼吸防护用品、便携式气体检测报警仪、照明灯和对讲机等，如图 5－7 所示。

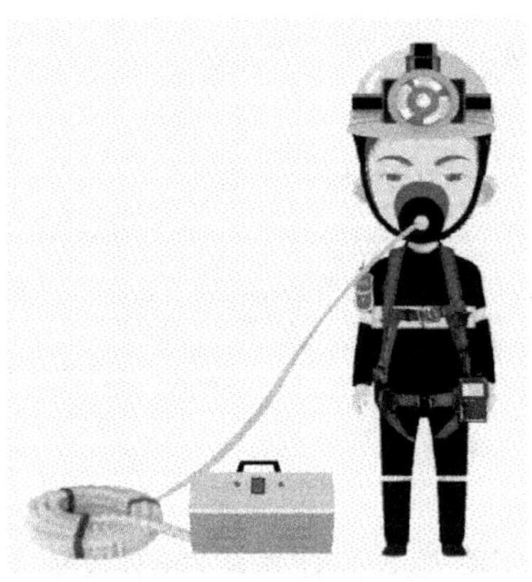

图 5-7 人员防护要求

三、安全作业

在确认作业环境、作业程序、安全防护设备和个体防护用品等符合要求后，作业现场负责人方可许可作业人员进入有限空间作业。

1. 注意事项

(1)作业人员使用踏步、安全梯进入有限空间的，作业前应检查其牢固性和安全性，确保进出安全。

(2)作业人员应严格执行作业方案，正确使用安全防护设备和个体防护用品，作业过程中与监护人员保持有效的信息沟通。

(3)传递物料时应稳妥、可靠，防止滑脱；起吊物料所用绳索、吊桶等必须牢固、可靠，避免吊物时突然损坏使物料掉落。

(4)应通过轮换作业等方式合理安排工作时间，避免人员长时间在有限空间工作。

2. 实时监测与持续通风

作业过程中，应采取适当的方式对有限空间作业面进行实时监测。监测方式有两种：一种是监护人员在有限空间外使用泵吸式气体检测报警仪对作业面进行监护检测；另一种是作业人员自行佩戴便携式气体检测报警仪对作业面进行个体检测。监测方式如图 5-8 所示。

图 5-8 作业过程中实时监测气体浓度

除实时监测外，作业过程中还应持续进行通风。当在有限空间内进行涂装作业、防水作业、防腐作业以及焊接等动火作业时，应持续进行机械通风。

3. 作业监护

监护人员应在有限空间外全程持续监护，不得擅离职守，主要做好两方面工作：

(1)跟踪作业人员的作业过程，与其保持信息沟通，发现有限空间气体环境发生不良变化、安全防护措施失效和其他异常情况时，应立即向作业人员发出撤离警报，并采取措施协助作业人员撤离。

(2)防止未经许可的人员进入作业区域。

4. 异常情况紧急撤离有限空间

作业期间发生下列情况之一时，作业人员应立即中断作业，撤离有限空间。

(1)作业人员出现身体不适。

(2)安全防护设备或个体防护用品失效。

(3)气体检测报警仪报警。

(4)监护人员或作业现场负责人下达撤离命令。

(5)其他可能危及安全的情况。

四、作业完成

有限空间作业完成后，作业人员应将全部设备和工具带离有限空间，清点人员和设备数量，确保有限空间内无人员和设备遗留后，关闭进出口，解除本次作业前采取的隔离、封闭措施，恢复现场环境后安全撤离作业现场。

五、作业流程

有限空间的标准作业流程如图 5－9 所示。其主要分为下述 8 个操作环节。

1. 危害分析、制定方案

有限空间作业前，作业人员、监护人员、救援人员和现场负责人要对现场作业环境进行检查，分析存在的安全风险，制定详细的作业方案。方案由作业负责人编制，作业单位生产负责人审批。方案要确保各种风险都能得到有效控制。

2. 安全交底、办理许可

作业方案确定后，作业人员、监护人员填写《有限空间作业审批单》，经作业单位生产负责人审核，作业单位安全部门负责人检查现场，对作业人员、监护人员及救援人员进行安全交底后签字批准。

3. 作业准备、检查装备

办理完作业许可证后，作业人员、监护人员、救援人员要逐项检查作业及救援装备是否完好。作业及救援装备包括全面罩正压式空气呼吸器或长管式呼吸器等隔离式呼吸保护器具，应急通信报警器材，现场快速检测设备，大功率强制通风设备，应急照明设备，安全带、安全绳，以及救援三脚架等。呼吸防护用品的选择应符合《呼吸防护用品的选择、使用与维护》(GB/T 18664—2002)要求。缺氧条件下，应符合《缺氧危险作业安全规程》(GB 8958—2006)要求。如果在易燃易爆环境中工作，所使用的设备必须具有防爆功能。在有酸、碱介质的有限空间作业，要穿戴耐酸碱工作服、工作靴和防护手套。在有噪声环境中作业时，要戴耳塞。

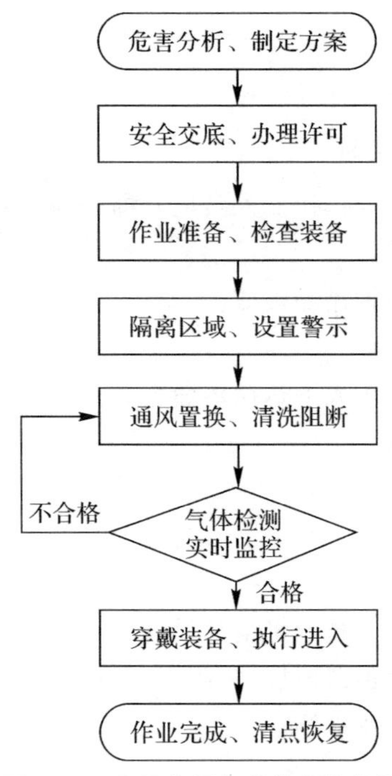

图 5-9　有限空间标准作业流程图

4. **隔离区域、设置警示**

作业及救援装备检查完毕后，要对作业区域设置警戒，用警戒围栏进行隔离，设置各种警示标志。如果有限空间内有电动搅拌旋转等装置，还要提前关闭电源，加装安全锁。

5. **通风置换、清洗阻断**

警示标志设置完毕后，要对作业区域进行通风或清洗，置换有毒有害介质。如果有限空间与其他区域通过管道阀门连通，还要首先关闭阀门，加装盲板进行封堵或拆掉一段管路，阻断有毒介质在作业时进入有限空间。

6. **气体检测、实时监控**

通风置换、清洗阻断完成后，要对有限空间内的气体进行检测。使用泵吸式气体检测仪对有限空间内的气体进行检测，记录检测结果，氧气含量要在19%～21%范围内，有毒气体和可燃性气体含量要在可控的限值内。检测时间距开始作业的时间不超过30 min。检测人员要注意自身防护，检测时佩戴呼吸防护装置。为了防止作业时有限空间内气体环境发生变化，作业人员进入时还要佩戴便携式气体检测仪。

7. 穿戴装备、执行进入

气体检测合格后，作业人员穿戴工作服、工作鞋、安全帽、安全带，携带通信工具、照明工具、便携式检测仪、作业工具，监护人员为其系好安全绳，挂在合适的救援锚点上，就可以进入有限空间作业了。作业过程中，一旦检测仪发出报警或出现其他危险状况，监护人员要与救援人员一起，在最短时间内使作业人员撤离有限空间。救援人员在实施救援过程中，要首先确保自身安全，不能盲目进入有限空间。如果作业环境气体有随时发生变化的可能，则必须佩戴长管式呼吸器进入作业。

8. 作业完成、清点恢复

有限空间作业完成后，作业人员要及时清点人员和工具数量，收好作业和救援装备，收起警戒和警示器具，恢复作业设备或区域正常状态。

六、安全风险防控确认

有限空间作业安全风险防控确认情况见表 5－3。

表 5－3　有限空间作业安全风险防控确认情况

序　号	确认内容	确认结果	确认人
1	是否制定作业方案，作业方案是否经本单位相关人员审核和批准		
2	是否明确现场负责人、监护人员和作业人员及其安全职责		
3	作业现场是否有作业审批表，审批项目是否齐全，是否经审批负责人签字同意		
4	作业安全防护设备、个体防护用品和应急救援装备是否齐全有效		
5	作业前是否进行安全交底，交底内容是否全面，交底人员及被交底人员是否签字确认		
6	作业现场是否设置围挡设施，是否设置符合要求的安全警示标志或安全告知牌		
7	是否安全开启进出口，进行自然通风		
8	作业前是否根据环境危害情况采取隔离、清除、置换等合理的工程控制措施		
9	作业前是否使用泵吸式气体检测报警仪对有限空间进行气体检测，检测结果是否符合作业安全要求		
10	气体检测不合格的，是否采取强制通风		
11	强制通风后是否再次进行气体检测，进入有限空间作业前，气体浓度是否符合安全要求		

续表

序号	确认内容	确认结果	确认人
12	作业人员是否正确佩戴个体防护用品和使用安全防护设备		
13	作业人员是否经现场负责人许可后进入作业		
14	作业期间是否实时监测作业面气体浓度		
15	作业期间是否持续进行强制通风		
16	作业期间监护人员是否全程监护		
17	出现异常情况是否及时采取妥善的应对措施		
18	作业结束后是否恢复现场并安全撤离		

第三节　有限空间作业主要事故隐患排查及事故防范

一、隐患排查

存在有限空间作业的单位应严格落实各项安全防控措施，定期开展排查并消除事故隐患。有限空间作业主要事故隐患排查见表5－4。

表5－4　有限空间作业主要事故隐患排查

序号	项目	隐患内容	隐患分类
1	有限空间作业方案和作业审批	有限空间作业前，未制定作业方案或未经审批擅自作业	重大隐患
2	有限空间作业场所辨识和安全警示标志设置	未对有限空间作业场所进行辨识并设置明显安全警示标志	重大隐患
3	有限空间管理台账	未建立有限空间管理台账并及时更新	一般隐患
4	有限空间作业气体检测	有限空间作业前及作业过程中未进行有效的气体检测	一般隐患
5	劳动防护用品配置和使用	未根据有限空间存在危险有害因素的种类和危害程度，为从业人员配备符合国家或行业标准的劳动防护用品，并督促其正确使用	一般隐患
6	有限空间作业安全监护	有限空间作业现场未设置专人进行有效监护	一般隐患
7	有限空间作业安全管理制度和安全操作规程	未根据本单位实际情况建立有限空间作业安全管理制度和安全操作规程，或制度、规程照搬照抄，与实际不符	一般隐患

续 表

序 号	项 目	隐患内容	隐患分类
8	有限空间作业安全专项培训	未对从事有限空间作业的相关人员进行安全专项培训或培训内容不符合要求	一般隐患
9	有限空间作业事故应急救援预案和演练	未根据本单位有限空间作业的特点，制定事故应急预案，或未按要求组织应急演练	一般隐患
10	有限空间作业承发包安全管理	有限空间作业承包单位不具备有限空间作业安全生产条件，发包单位未与承包单位签订安全生产管理协议或未在承包合同中明确各自的安全生产职责，发包单位未对承包单位作业进行审批，发包单位未对承包单位的安全生产工作定期进行安全检查	一般隐患

二、事故防范

对有限空间作业事故的防范，主要从以下几方面着手。

1. 登记建档、挂牌上锁

为了对有限空间作业危险做到有效控制，防止作业人员随意进入，避免发生事故，必须要将识别出的所有有限空间危险源登记建档，挂牌上锁，施工单位作业前必须办完审批手续，由安全部门检查后开锁。具体做法可参阅图 5－10。

2. 标准作业、严控流程

按照本书推荐的标准作业流程，严格控制各作业环节。

3. 制定有限空间作业安全对策

(1)开展安全宣传教育。有限空间内火灾爆炸事故、中毒窒息事故、作业伤害事故发生的概率较大，应大力开展有限空间危险作业安全宣传教育，使作业人员了解事故发生的类型、危险危害因素以及应采取的安全技术措施和紧急状态下的应急救援措施。相关施工管理部门可结合事故案例分析，有针对性地进行安全教育，以吸取教训，提高作业人员的自我保护意识和安全防范技能。

(2)强化有限空间作业的安全管理。监管不力对有限空间作业事故影响较大，因此，必须强化有限空间作业的安全管理，才能保证作业的安全实施。

工厂企业、施工单位、管理部门领导都应高度重视有限空间作业的安全管理，制定和完善相应的操作规程，严格落实各级安全生产责任制，严肃事故责任追究，确保有限空间作业场所无事故发生。凡需在有限空间危险作业场所进行施工、检修、清理等作业活动的，有关施工(管理)部门必须编制相应的专项施工(作业)方案和应急预案，经企业技术负责人或业主方主管负责人批准后，方可实施作业。

做好进入有限空间作业前的准备工作。判断是否必须在有限空间内进行作业，是否可能在有限空间外部作业；查看书面的有限空间作业审批许可材料，制定应急预案和详细的有限空间内作业指导书。指定作业人员的监护者，以及有限空间内的作业者与监护者之间的信息交流方式。

有限空间作业登记表

填报单位：西安启源机电装备有限公司　填报日期：2016 年 3 月 18 日
填报人：　夏立锋　联系电话：13720401038

单位基本情况	单位名称	西安启源机电装备有限公司	所属行业	机械制造
	单位地址	西安市经开区凤城十二路 98 号		
	上级单位	中节能环保装备股份有限公司		
有限空间基本情况	水旋式喷漆房净化过滤水池。			
有限空间清晰照片				

(a)

(b)

有限空间作业登记表

填报单位：西安启源机电装备有限公司　填报日期：2016 年 3 月 18 日
填报人：　夏立锋　联系电话：13720401038

单位基本情况	单位名称	西安启源机电装备股份有限公司	所属行业	机械制造
	单位地址	西安市经开区凤城十二路 98 号		
	上级单位	中节能环保装备股份有限公司		
有限空间基本情况	污水井。			
有限空间清晰照片				

(c)

(d)

图 5－10　有限空间登记建档挂牌上锁事例

(a) 污水池有限空间登记表；(b) 污水池有限空间封闭上锁；
(c) 污水井有限空间登记表；(d) 污水井有限空间封闭上锁

在进入任何有限空间之前，安全部门都要对其中的气体成分进行检测，并且要在非接触情况下进行检测，确保有足够的氧气浓度，不存在易燃气体和蒸汽，确保有毒气体和蒸汽浓度低于国家相关规定。在进行非接触检测并确认空间安全可以进入后，安全部门可以发放进入许可证，允许进入有限空间进行作业。但是，空气检测工作不能停止，进入其中的作业人员和外面的监护人员一定要对空间内的气体进行连续的检测，避免由于泄漏、毒气释放、温度变化等原因发生易燃、有毒、有害气体浓度的变化造成对作业人员的伤害。这个过程要一直持续到全部人员离开有限空间为止。

有限空间作业的安全管理部门要加强现场安全检查，坚决遏制现场违章指挥、违章作业、违反劳动纪律的“三违”现象。作业现场应指定专人负责监护，监护人员要坚守岗位，不得擅自离岗。作业现场必须坚持上班考勤和下班清点人数制度，确保有限空间作业安全。

(3)采取通风措施。通风不良引发的有限空间作业事故在有限空间作业事故中占比很大，是导致中毒窒息事故、火灾爆炸事故的重要因素。在有限空间作业场所，必须采取有效的通风换气措施，将有限空间内气体排出，送入新鲜空气，从而降低可燃、有毒、窒息性气体的浓度。可用送风机或排烟机向有限空间送风。若出入口较为狭窄，应尽量使用长管空气呼吸器和移动式供气源，或吊放几个空气瓶入内，使作业人员能呼吸到空气。严禁用纯氧进行通风换气。

如发现有人在缺氧、有毒有害气体的有限空间内昏倒，而又不能迅速救出时，切不可盲目进入抢救，以免再发生中毒窒息事故，应立即向有限空间内通风。

(4)严格落实作业保障装备配备。防护装备失效在有限空间作业事故中也比较常见，作业时必须严格落实作业保障装备的配备，预防事故发生。

经常需在有限空间进行危险作业的施工单位、管理部门必须配置相应的气体检测仪、通风机械设施和防毒救护器具。对由于防爆、防氧化不能采用通风换气措施、或受作业环境限制不宜充分通风换气的场所，必须配备并使用空气呼吸器或长管式呼吸器等隔离式呼吸保护器具。应保证装备产品质量、性能安全可靠，产品认证书、合格证、检验或鉴定报告、使用(操作)说明书等相关证件一应俱全。

对检测仪器、防护、救护器具等应妥善保管，并按规定定期鉴定或校正。加强设备的维护保养工作，定期更换特殊环境中设备设施的易损件，提高维修人员技术素质，保障维修质量。

临时需在有限空间施工作业，而缺乏检测、防护器具配置条件的单位，应与当地政府应急管理部门联系，寻求配合或采用租借形式落实解决，否则不得组织施工。施工单位(或承包负责人)应为作业人员配置适合作业环境的劳动保护用品，作业人员应正确佩戴和使用劳动保护用品。

(5)防止有害物质产生。作业中产生易燃、有毒、窒息气体，以及微生物分解窒息性气体或易燃气体，这是在有限空间作业中导致中毒窒息、火灾爆炸事故发生的重要因素。因此，有关部门和单位要定期对容易产生易燃、有毒、有害气体的场所进行检查，及时清理垃圾、粪便、纸浆等有机物，保持下水管井清洁，特别是夏天高温季节，防止有机物发酵后产生硫化氢(H_2S)等有害气体。

(6)作业区严格控制引火源。引火源是引发有限空间作业火灾爆炸事故的重要基本事件之一，必须严格加以控制。在有限空间危险作业场所施工，包括相对密闭的车间内涂漆、防腐施工作业，必须严禁现场烟火。凡需进行动火作业的，必须经气体检测且符合要求，在办理动火审批手续后，方可动火。储存过油类、易燃易爆的密闭容器，严禁擅自进行焊接或切割。

有限空间作业的事故分析表明，事故发生的途径多、原因复杂，事故发生率高，火灾爆炸事故、中毒窒息事故、作业伤害事故发生的概率较大。对事故的重要度进行分析可知，有限空间通风不良对有限空间作业事故的影响最大，其次是监管不力和防护装备失效，再次是作业中产生易燃、有毒、窒息性气体，微生物行为分解窒息气体或易燃气体，可燃物泄漏和可燃物残存，以及作业伤害等，对此应重点加以防范和控制。

第四节　有限空间作业注意要点

一、隔离警示

应当采取可靠的隔断（隔离）措施，将可能危及作业安全的设施设备、存在有毒有害物质的空间与作业地点隔开，在醒目位置设置警示标识，提醒危险存在，杜绝“无知者无畏”的人员随意出入。

二、先通风、再检测、后作业

要严格遵守“先通风、再检测、后作业”的原则，在对有限空间采取通风措施后，对氧浓度、易燃易爆物质（可燃性气体、爆炸性粉尘）浓度、有毒有害气体浓度等指标进行检测。未经通风和检测合格，任何人员不得进入有限空间作业。检测的时间不得早于作业开始前 30 min。

三、持续通风

作业过程中应当采取通风措施，保持空气流通，禁止采用纯氧通风换气。同时要对作业场所中的危险有害因素进行定时检测或者连续监测。作业中断超过 30 min，作业人员再次进入有限空间作业前，应当重新通风、检测合格后方可进入。发现通风设备停止运转、有限空间内氧浓度或有毒有害气体浓度不符合国家标准或者行业标准规定时，必须立即停止作业，清点作业人员，撤离作业现场。

四、防护及可靠通信

作业人员必须正确佩戴和使用劳动防护用品，与外部有可靠的通信联络；监护人员不得离开作业现场，并与作业人员保持联系。

五、报告和救援

有限空间作业中发生事故后，现场有关人员应当立即向企业负责人报告，禁止盲目施救，防止事故后果更严重。企业有关负责人员接到事故报告后，要立即启动应急预案，并按照预案响应程序，组织应急救援人员开展救援。在自身救援技术、装备、队伍无法施救的情况下，应及时联系消防救援队伍等专业救援单位开展救援，并提供有限空间各种数据资料。应急救援人员实施救援时，应当做好自身防护，佩戴必要的应急救援设备。要按照事故报告程序逐级上报，以便相关部门及时了解和掌握情况，分析事故原因和总结教训，指导问题整改，以有效防范类似事故。

六、特殊状况

有限空间作业事故防控难度大，一旦发生就有可能造成群死群伤的重大事故，作为安全监管部门，一定要高度重视，除了上述常规的防控方法，还要特别注意以下两方面的特殊状况。

1. 动态辨识特殊情况下成为有限空间的场所

在使用比空气重的气体（如二氧化碳、氩气、六氟化硫等）的场所，如果气体存在排放或泄漏的可能性，则附近的地坑、站房、地下室、容器等之前没有辨识为有限空间的，都有可能变化成为有限空间，这时候作业或维修人员进入，就存在窒息或中毒的风险。这类有限空间并不一定是有一个小口与外部连通，有可能是完全敞口的地坑或站房，比空气重的气体排放或泄漏时会流入其中并积聚在里面，一般情况下不会被辨识为有限空间，所以是动态的，更具有隐蔽性，一定要预先要做好警示和培训，严格控制人员进入。

2. 广大农村地区有限空间作业事故防控

广大农村地区的有限空间作业事故具有很强的特殊性，在辨识和防控上要因地制宜、方法得当才能起到相应的效果。地方安全主管部门除了深入了解、全面辨识、宣传教育、做好警示标识外，还要配备适宜的应急救援装备，经常组织开展救援演练。农民自家的地窖等有限空间，一般不会配备检测仪、通风机、呼吸器等比较昂贵的装备器材，可要求村委统一配备一个比较实用的蓄电电动送风式长管呼吸器（见图 5－11），作业前将呼吸器进气口牢靠固定在持续有清新空气的地方，有人随时监护，作业时严格戴好呼吸器后才能进入。

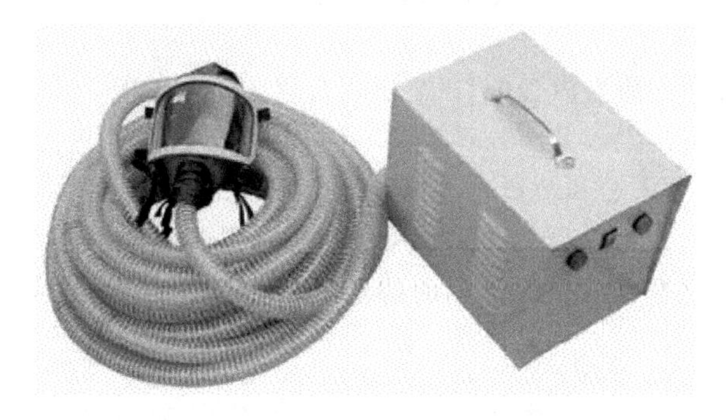

图 5－11　蓄电电动送风式长管呼吸器

第六章　有限空间应急管理

第一节　应急管理的概念及有限空间应急管理的特点

一、应急管理的概念

应急管理是应对特重大事故灾害的危险问题提出的。应急管理是指政府及其他公共机构在突发事件的事前预防、事发应对、事中处置和善后恢复过程中，通过建立必要的应对机制，采取一系列必要措施，应用科学、技术、规划与管理等手段，保障公众生命、健康和财产安全，促进社会和谐健康开展的有关活动。危险包括人的危险、物的危险和责任危险三大类。首先，人的危险可分为生命危险和健康危险；物的危险指威胁财产安全的火灾、雷电、台风、洪水等事故灾难；责任危险是产生于法律上的损害赔偿责任，一般又称为第三者责任险。其中，危险是由意外事故、意外事故发生的可能性及蕴藏意外事故发生可能性的危险状态构成。

事故应急管理的内涵，包括预防、准备、响应和恢复四个阶段。尽管在实际情况中，这些阶段往往是重叠的，但每一阶段都有单独的目标，并且成为下个阶段内容的一部分。

二、有限空间应急管理的特点

有限空间作业事故的应急救援中，极易出现盲目施救的情况。由于作业场地狭小、通风不畅、照明不良、人员进出困难且与外界联系不便，因此救援难度很大。若不及时采取通风检测措施，极易造成作业人员和救援人员中毒死亡事故。据统计，因盲目施救造成的死亡人数要远远大于直接事故死亡人数。目前国内有限空间作业事故的救援演练，很多是以演为主，实用性差。因此，根据有限空间作业的特点，制定实用的应急预案，采取正确的救援方法，就显得尤为重要。

三、有限空间作业事故的应急管理流程

有限空间作业事故的应急管理流程如图 6－1 所示。

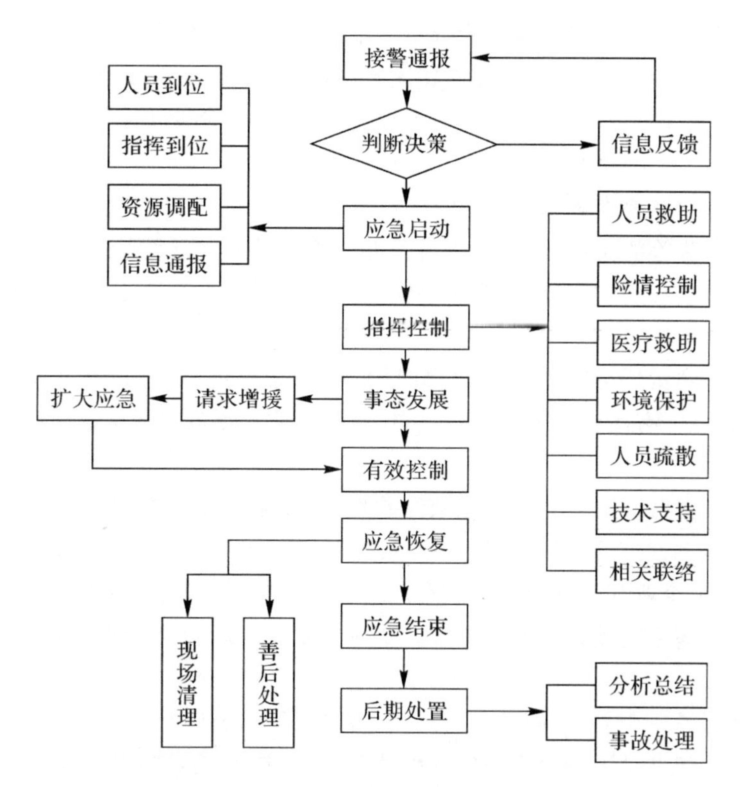

图 6-1　有限空间作业事故应急管理流程

第二节　有限空间应急预案的编制

针对可能发生的事故，为了迅速、有序地开展应急行动制定完善的应急救援预案，对应急准备和应急响应的各个方面预先作出详细安排，明确在突发事故发生之前、发生之后及现场应急行动结束之后，谁负责做什么，何时做，怎么做，是成功处置各类突发事故、最大程度地保障国家和人民的生命财产免受损失的重要保障。要编制一个完善的应急预案并非易事，需要投入大量的人力、物力，需要耗费精力认真思索、周密策划。编制应急预案，应该严格按照《生产经营单位生产安全事故应急预案编制导则》(GB/T 29639—2020)进行。笔者根据当前企事业单位编制有限空间作业事故应急预案的现状，总结了应特别注意的问题：

(1)预案内容不仅包括应急处置，还要包括预防预警、恢复重建；不仅要有应对措施，还要有组织体系、响应机制和保障手段。

(2)预案务必切合实际、有针对性。要根据事件发生、发展、演变规律，针对本企业风险隐患的特点和薄弱环节，科学制定和实施应急预案。预案务必简明扼要，有可操作性。一个大企业所有的预案文本，订在一起是很厚的一大本，但具体到每一个岗位，一定要简洁明了，最多半页纸，甚至三五句话。要把岗位预案做成活页纸，准确规定操作规程和动作要领，让每一名员工都能做到“看得懂、记得住、用得准”。

(3)应急预案的编制要以事故风险分析为前提。要结合本单位的行业类别、管理模式、生产规模、风险种类等实际情况,充分借鉴国际、国内同行业的事故经验教训,在充分调查、全面分析的基础上,确定本单位可能发生事故的危险因素,制定有针对性的救援方案,确保应急预案科学合理、切实可行。

(4)编制应急预案要本着"通俗易懂,便于操作"的原则。要抓住应急管理的工作流程、救援程序、处置方法等的关键环节,坚决避免把应急预案编成只重形式不重实效、冗长烦琐、晦涩难懂的东西。应急预案要做到简明易懂、可操作,还需要广泛征求并认真听取专家和一线员工的意见。

(5)要切实做到责任落实到岗、任务落实到人、流程牢记在心,只有这样,才能在发生事故时落实有效、科学、有序的报告、救援、处置等程序,防止事故扩大或恶化,最大限度地降低事故造成的损失和危害。

(6)预案务必持续改进。要认真总结经验教训,根据作业条件、人员更替、外部环境等不断发展变化的实际情况,及时修订、完善应急预案,实现动态管理。预案不是孤立的,务必衔接配套。各级各类企业都要逐步建立健全应急预案报备管理制度,实现企业与政府、企业与关联单位、企业内部之间预案的有效衔接。企业预案"更新"可以定期或不定期地开展评审工作。

(7)应急救援是一个复杂的系统工程,在一般情况下,要涉及企业上下、企业内外的多个组织、多个部门。特别是不能完全确定的事故状态,使应急救援行动充满变数,应急救援行动必须寻求外部力量的支援。因此,无论企业还是政府,在编制应急预案时,必须按照"上下贯通、部门联动、地企衔接、协调有力"的原则,将所编应急预案从横向、纵向两方面,与相关应急预案进行有机衔接。

1)政府应急预案的衔接。要在评审企业预案的基础上进行编制,在评审辖区企业应急预案的基础上,优选确定编制预案对象,并从程序上、具体操作上进行有机衔接。同时,要对部门应急预案、相邻地区的预案进行评审,从职责、内容到程序实现有机衔接。特别是对于跨区域、跨部门联动,必须保证联动措施具体,且能保证联动的及时性、迅速性、可行性和有效性。

2)企业应急预案的衔接。首先,对于各项综合应急预案、专项应急预案、现场处置方案要在企业上下进行充分沟通,在纵向上实现良好衔接。其次,企业的相关部门对专项应急预案组织要进行充分沟通,良好衔接,特别是在指挥职责、人力调用、物资调用、装备调用方面,努力减少中间环节。要实现相互协作、快速有效地开展应急救援,务必事先达成一致,将职责不清、推诿扯皮、程序繁杂等影响救援效率与效果的现象事先化解掉。最后,制定企业的应急预案,要评审所在地政府的应急预案,在职责、内容与程序上实现有机衔接。

3)政府和企业应急预案的相互衔接。由于当前应急预案文件体系还处在一个初步形成的阶段,在应急预案的操作体系上还有许多需要完善的地方,因此,在实际工作中要坚持动态互评的原则,不断加以改进,做到良好衔接。

大可不必考虑以谁为主、谁先谁后的问题,谁先制定,谁及时告知对方,后者则对双方的预案进行评审,把衔接问题处理好后,再将最新版预案告知,做到相互知晓。对于暴露出的问题，双方应及时沟通，协商解决，达成共识。

然而，由于企业是应急预案对象的主体，因此企业要首先主动做好与地方政府的衔接工作，确保企业应急预案与地方政府的预案协调联动。

政府、企业预案的相互评审，是一个相互沟通、加强衔接、完善预案的动态过程。绝不能出现政府以权力部门自居，既不主动与企业应急预案进行衔接，而且对企业要求衔接的举措（比如企业索要政府相关领导、部门的电话号码等事宜）也不予支持的现象。已经发生的应急救援行动事实证明，这种衔接不良的问题，极易延误联动时间，错失最佳的抢救时机，成为应急救援行动的硬伤。

(8)预案只是预想的作战方案，实际效果如何，还需要实践来验证。同时，熟练的应急技能也不是一日可得。因此，必须对应急预案进行经常性演练，验证应急预案的适用性、有效性，发现问题，改进完善。这样不仅可以不断提高预案的质量，而且可以锻炼应急人员过硬的心理素质和熟练的操作技能。

(9)要加强应急预案的培训、演练，通过培训和演练及时发现应急预案存在的问题和不足。同时，要根据安全生产形势和企业生产环境、技术条件、管理方式等的实际变化，与时俱进，及时修订预案内容，确保应急预案的科学性和先进性。

第三节　有限空间作业事故应急救援

通过对近年来有限空间作业事故进行分析发现：盲目施救问题非常突出，近80%的事故由于盲目施救导致伤亡人数增多，在有限空间作业事故致死人员中超过50%为救援人员。因此，必须杜绝盲目施救，避免伤亡扩大。

一、救援方式

当作业过程中出现异常情况时，作业人员在还具有自主意识的情况下，应采取积极主动的自救措施。作业人员可使用隔绝式紧急逃生呼吸器等救援逃生设备，提高自救[见图6-2(a)]成功率。如果作业人员自救逃生失败，应根据实际情况采取非进入式救援或进入式救援方式。

1. 非进入式救援

非进入式救援[见图6-2(b)]是指救援人员在有限空间外，借助相关设备与器材，安全快速地将有限空间内受困人员移出有限空间的一种救援方式。非进入式救援是一种相对安全的应急救援方式，但需同时满足以下2个条件：

(1)有限空间内受困人员佩戴了全身式安全带，且通过安全绳索与有限空间外的挂点可靠连接。

(2)有限空间内受困人员所处位置与有限空间进出口之间畅通，无障碍物阻挡。

2. 进入式救援

当受困人员未佩戴全身式安全带，也无安全绳与有限空间外部挂点连接，或因受困人员所处位置无法实施非进入式救援时，就需要救援人员进入有限空间内实施救援。进入式救援[见图 6－2(c)]是一种风险很大的救援方式，一旦救援人员防护不当，极易造成伤亡。

实施进入式救援，要求救援人员必须采取科学的防护措施，确保自身防护安全、有效。同时，救援人员应经过专门的有限空间救援培训和演练，能够熟练使用防护用品和救援设备设施，并确保能在自身安全的前提下成功施救。若救援人员未得到足够防护，不能保障自身安全，则不得进入有限空间实施救援。

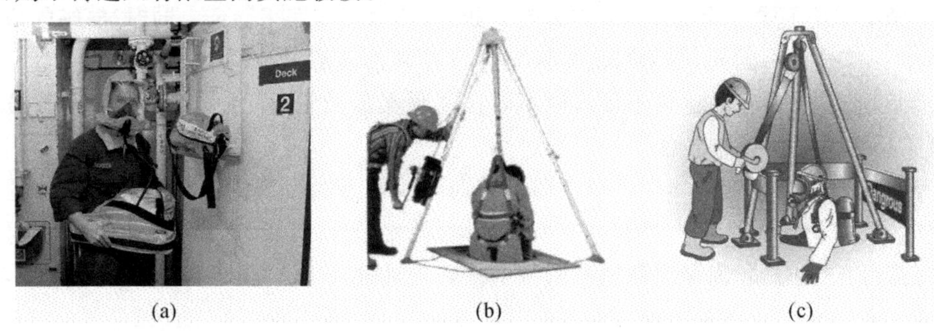

(a) (b) (c)

图 6－2 有限空间事故应急救援

(a) 自救；(b) 非进入式；(c) 进入式

二、应急救援装备配置

应急救援装备是开展救援工作的重要基础。有限空间作业事故应急救援装备主要包括便携式气体检测报警仪[见图 6－3(a)]、大功率机械通风设备[见图 6－3(b)]、照明工具[见图 6－3(c)]、通信设备[见图 6－3(d)]、正压式空气呼吸器[见图 6－3(e)]或高压送风式长管呼吸器[见图 6－3(f)]、安全帽[见图 6－3(g)]、全身式安全带[见图 6－3(h)]、安全绳[见图 6－3(i)]、有限空间进出及救援系统[见图 5－3(j)(k)(l)]等。上述装备与前面介绍的作业用安全防护设备和个体防护用品并无区别，事故发生后，作业配置的安全防护设备设施符合应急救援装备要求时，可用于应急救援。

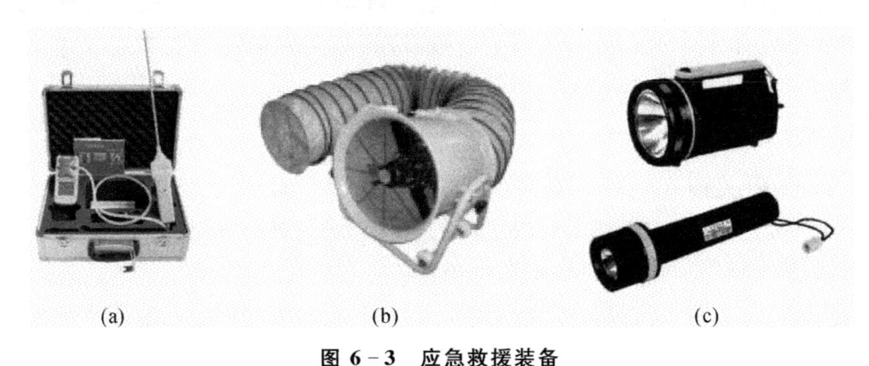

(a) (b) (c)

图 6－3 应急救援装备

(a) 便携式气体检测报警仪；(b) 大功率机械通风设备；(c) 照明工具

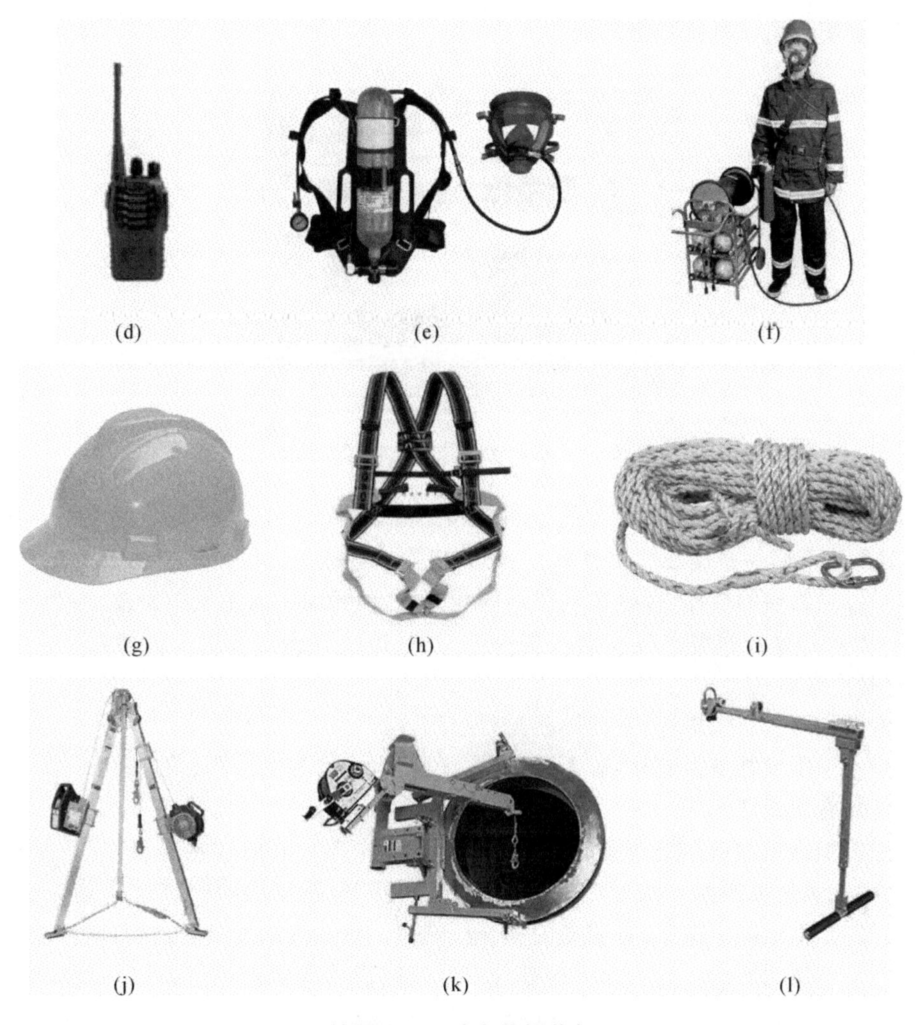

续图 6-3　应急救援装备

(d) 通信设备；(e) 正压式空气呼吸器；(f) 高压送风式长管呼吸器；(g) 安全帽；
(h) 全身式安全带；(i) 安全绳；(j) 三脚架救援系统(垂直方向)；
(k) 侧边进入系统(水平方向)；(l) 便携式吊杆系统(水平/垂直方向)

为了确保救援及时，所有作业和救援设施应全部放置在一个作业工具车(见图 6-4)上，作业前将工具车推到作业区域附近。一旦发生事故，救援人员可以就地采取救援措施，大大提高救援成功率。

三、应急救援装备的检查和使用

1. 正压式呼吸器

正压式空气呼吸器使用前的检查步骤如下。

(1)打开空气瓶开关，气瓶内的储存压力一般为 28～30 MPa，随着管路、减压系统中压力的上升，会听到余压报警器报警。

图 6-4　有限空间作业及救援工具车

(2)关闭气瓶阀，观察压力表的读数变化，在 5 min 内，压力表读数下降应不超过 2 MPa，表明供气管系统高压气密性好。否则，应检查各接头部位的气密性。

(3)通过供给阀的杠杆，轻轻按动供给阀膜片组，使管路中的空气缓慢排出，当压力下降至 4～6 MPa 时，余压报警器应发出报警声音，并且持续到压力表指示值接近零。否则，就要重新校验报警器。

(4)检查压力表有无损坏，它的连接是否牢固。

(5)检查中压导管是否老化，有无裂痕，有无漏气处，它和供给阀、快速接头、减压器的连接是否牢固，有无损坏。

(6)检查供给阀的动作是否灵活，是否缺件，它和中压导管的连接是否牢固，是否损坏，供给阀和呼气阀是否匹配。戴上呼气器，打开气瓶开关，按压供给阀杠杆使其处于工作状态。在吸气时，供给阀应供气，有明显的“咝咝”响声。在呼气或屏气时，供给阀停止供气，没有“咝咝”响声，说明匹配良好。如果在呼气或屏气时供给阀仍然供气，可以听到“咝咝”声，说明不匹配，应校验正压式空气呼气阀的通气阻力，或调换全面罩，使其达到匹配要求。

2. 气体检测设备

要检查气体检测设备外观是否完好，是否在校验有效期内，开机是否有电，运转是否正常。如果有多种检测仪，需要确定设备型号。

3. 通风设备

要检查通风设备风机、风管是否完好，电线是否有裸露、松动，能否正常运转。

4. 照明设备

要检查照明设备是否有电，是否使用安全电压，是否防漏电。

5. 通信设备

通信设备要进行通话测试，检查设备是否能正常工作。

6. 长管式呼吸器

要确认长管式呼吸器部件齐全，检查面罩、导气管是否有破损，面罩气密性是否良好，送风设备是否运转正常，送风设备是否在良好空气环境中。

7. 紧急逃生呼吸器

要检查紧急逃生呼吸器面罩、导气管是否有破损，面罩气密性是否良好，气瓶压力是否正常，低压哨是否正常。

8. 救援三脚架

要检查救援三脚架构件是否有损坏，各处连接处是否完好，吊索是否正常绕在绞索上，转动绞索能否运转正常。

9. 安全带、安全绳

要检查安全带外观是否有破损，要检查安全绳是否有接头。

10. 其他防护用品

检查安全帽、防护服、安全鞋等是否正确穿戴。如果在易燃易爆环境中工作，所使用的设备必须具有防爆功能。在有酸、碱介质的有限空间作业，要穿戴耐酸碱工作服、工作靴和防护手套。在有噪声环境中作业，要戴耳塞。

四、应急救援的原则

(1)有限空间应急救援强调“必须在确保救援人员安全的前提下，在最短的时间内使受困人员呼吸到新鲜空气”的救援方式。发生事故先启动作业单位的现场处置方案快速实施救援，作业单位判断无法完成救援时逐级上报，启动上一级应急预案。

(2)有限空间作业事故应急救援要坚持“以人为本，快速反应；统一领导，分级负责；装备先进，培训到位；方案完善，现场为主；杜绝盲目，及时报警”的原则。

五、救援注意事项

(1)一旦发生有限空间作业事故，作业现场负责人应及时向本单位报告事故情况，在分析事发有限空间环境危害控制情况、应急救援装备配置情况以及现场救援能力等因素的基础上，判断可否采取自主救援以及采取何种救援方式。

(2)若现场具备自主救援条件，应根据实际情况采取非进入式或进入式救援，并确保救援人员人身安全；若现场不具备自主救援条件，应及时拨打 119 和 120，依靠专业救援力量开展救援工作，绝不允许强行施救。

(3)受困人员脱离有限空间后，应迅速被转移至安全、空气新鲜处，进行正确、有效的现场救护，以挽救人员生命，减轻伤害。

第七章　有限空间事故应急演练

2016 年 5 月，笔者为一家企业策划并指导举办了一场有限空间作业现场综合演练，整个演练过程紧张有序、流程清晰、过程规范，既展示了公司有限空间作业的标准流程，又模拟了一旦发生有限空间作业事故，如何在最短的时间内正确施救，成功处置事故，救出受困人员。本章简单介绍此次演练过程。

第一节　策 划 阶 段

演练前，首先成立演练策划组、执行组、保障组和评估组，修订了有限空间作业应急预案，组织编制了演练脚本，反复征求意见并讨论，不断培训和改进，最终将演练确定为四部分：

(1)有限空间作业标准流程演示；

(2)六氟化硫气体变压器有限空间作业事故应急救援；

(3)下水井有限空间作业事故应急救援；

(4)污水池有限空间作业事故应急救援。

第二节　实 施 阶 段

一、有限空间作业标准流程演示

此部分分八个阶段详细演示了有限空间标准作业的整个过程，包括：危害分析、制定方案；安全交底、办理许可；作业准备、检查装备；隔离区域、设置警示；通风置换、清洗阻断；气体检测、实时监控；穿戴装备、执行进入；作业完成、清点恢复。

二、六氟化硫气体变压器有限空间作业事故应急救援

此部分模拟两名作业人员进行六氟化硫气体变压器维修作业时，因安全教育培训不到位，未执行有限空间标准作业流程，一人冒险进入了有六氟化硫气体残留的变压器罐体内发

生了窒息事故，现场另一人报警，救援人员赶到实施救援的整个过程，如图 7－1 所示。

(a)

(b)

(c)

图 7－1 六氟化硫变压器有限空间作业事故演练

(a) 六氟化硫气体变压器有限空间作业事故发生；(b) 六氟化硫气体变压器有限空间作业事故实施现场救援；(c) 六氟化硫气体变压器有限空间作业事故救援成功

现场救援组长按照本单位有限空间应急救援预案指挥救援人员紧急开展救援。因为六氟化硫气体无色、无味、无毒，密度约为空气的 5 倍，先向罐体内注入压缩空气以缓解受困人员的窒息，放倒容器可以使六氟化硫尽快从上端罐口倾泻出去。放倒过程一定要确保受困人员不会受到二次伤害。最终，因为救援方案得当，在 3 分钟之内使受困人员呼吸到新鲜空气，安全救出了受困人员。

由此可见，救援成功的关键是救援组长根据现场情况确定了最佳救援方案：通入压缩空气—放倒罐体—吹走有害气体—救出受困人员。现场实施救援的前提是确保受困人员和救援人员安全，如果罐体不能放倒，可以采用角磨机、电动扳手或其他合适的工具将罐体下方法兰拆开最终救出受困人员。公司应急预案明确救援的首要任务是救人，如果设备需要损毁，现场救援负责人有权立即实施。

三、下水井有限空间作业事故应急救援

这一部分演练模拟两名作业人员进行下水井维修作业，因安全教育培训不到位，未执行有限空间标准作业流程，一人冒险进入了下水井内发生窒息，救援人员赶到实施救援的整个

过程，如图 7－2 所示。

(a)　　(b)

(c)

图 7－2　下水井有限空间作业事故演练

(a) 下水井有限空间作业事故发生；(b) 下水井有限空间作业事故救援；
(c) 下水井有限空间作业事故救援成功

现场救援组长按照本单位有限空间应急救援预案指挥救援人员紧急开展救援。用风机给井下持续通风，缓解受困人员中毒窒息，检测井内气体，确保不会有燃烧、爆炸危险，救援人员进入井内首先给受困人员戴上逃生呼吸器，穿戴安全带升井，最终在 3 分钟之内使受困人员呼吸到新鲜空气，安全救出了受困人员。这次救援的关键是救援组长根据现场情况确定了最佳救援方案：通风—检测—快速下井—3 分钟之内给受困人员带上呼吸器—给受困人员穿上安全带起升。

四、污水池有限空间作业事故应急救援

这部分模拟中，三名作业人员进行下污水池维修作业，因安全教育培训不到位，未执行有限空间标准作业流程，一人冒险进入了下水井内，因踩踏污泥，吸入逸散出的硫化氢气体中毒晕倒，另一人盲目进入救援也晕倒在池内。车间救援人员初步施救并打 120 和 119 报警，报告公司应急办，启动了公司应急预案，公司救援人员赶到救援，最后消防人员赶来实施救援，救护车将伤者送往医院进一步检查。具体过程如图 7－3 所示。

图 7-3　污水池有限空间作业事故演练

(a)污水池有限空间作业事故发生；(b) 事故报警；(c) 作业单位组织现场救援；

(d) 启动公司应急预案；(e) 公司救援组成功救出 1 人；(f) 公司医护组对救出者实施心肺复苏；

(g) 消防人员接警后赶到实施救援；(h) 救护车接警后及时赶到将伤员送往医院

观摩完本次演练，包括国家安全生产专家组应急管理专家，原国家安全生产应急救援指挥中心副主任在内的专家组一致认为：在此次演练中，参演人员配合默契，演练过程衔接连贯，演练充分考虑到救援人员安全问题，演练过程节奏感强，指挥控制到位，参演人员严肃认真，达到了预想的效果。国务院国有资产监督管理委员会综合局安全处领导对演练给予了高度评价和充分肯定，认为此次演练在国内有限空间事故防范方面具备示范作用。最值得推广的是，演练中演示了有限空间标准作业流程，对如何有效控制有限空间作业事故高发做出了有效的探索。

第八章　紧急救护知识

安全生产事故现场处理的首要任务是抢救生命、减少伤员痛苦、减少和预防伤情加重及发生并发症,迅速把伤病员转送到医院。事故现场处置人员应当掌握必要的急救知识,本章介绍如何开展急救和心肺复苏术。

第一节　如何开展急救

一、急救步骤

1. 报警

一旦发生人员伤亡,不要惊慌失措,马上拨打 120 急救电话报警。

2. 对伤病员进行必要的现场处理

(1)迅速排除致命和致伤因素。如搬开压在身上的重物,撤离中毒现场,如果是意外触电,应立即切断电源;清除伤病员口鼻内的泥沙、呕吐物、血块或其他异物,保持呼吸道通畅;等等。

(2)检查伤员的生命特征。检查伤病员呼吸、心跳、脉搏情况。如无呼吸或心跳停止,应就地立刻开展心肺复苏。

(3)止血。有创伤出血者,应迅速包扎止血。止血材料宜就地取材,可用加压包扎、上止血带或指压止血等。然后将伤病员尽快送往医院。

(4)如有腹腔脏器脱出或颅脑组织膨出,可用干净毛巾、软布料或搪瓷碗等加以保护。

(5)有骨折者用木板等临时固定。

(6)对昏迷者,未明了病因前,注意观察心跳、呼吸、两侧瞳孔大小。有舌后坠者,应将舌头拉出或用别针穿刺固定在口外,防止窒息。

(7)迅速而正确地转运伤病员。按病情的轻重缓急选择适当的工具进行转运。运送途中应随时关注伤病员的病情变化。

二、受伤简易处理办法

(1) 出血:可以把身上的衣服撕成布片,对出血的伤口进行局部加压止血。

(2) 骨折:现场可以找小夹板、树枝等物,对患肢进行包扎固定。

(3) 头部创伤:把伤者的头偏向一边,不要仰着,因为这样会引起呕吐,极易造成伤者窒息。

(4) 腹部创伤:将干净容器扣在腹壁伤处,防止发生腹腔感染。

(5) 呼吸、心跳停止:及时对伤者进行口对口的人工呼吸,并进行简单的胸外按压。

第二节 心肺复苏术

一、什么是心肺复苏

对呼吸、心跳停止的急症危重病人所做的抢救治疗叫作心肺复苏。心肺复苏的目的是开放气道、重建呼吸和循环。人们只有充分了解心肺复苏的知识并接受过此方面的训练后才可以为他人实施心肺复苏。

心肺复苏的过程包括清理呼吸道、人工呼吸、胸外按压、后续的专业用药。

二、心肺复苏的对象

心肺复苏的对象主要是意外事件导致的心跳和呼吸停止的病人,而非心肺功能衰竭或绝症终期病患。在溺水、车祸、雷击、触电、毒气或药物中毒、摔伤等事件中只要患者或伤者停止呼吸、心跳,就应在第一时间(最好在 4 分钟以内)实施心肺复苏。

三、心肺复苏的目的

心肺复苏并不是以病人的现场急救苏醒为唯一目的,主要目的在于使病人的脑细胞因有氧持续供应而不致坏死。

四、心肺复苏急救步骤

心肺复苏急救步骤如图 8-1 所示。

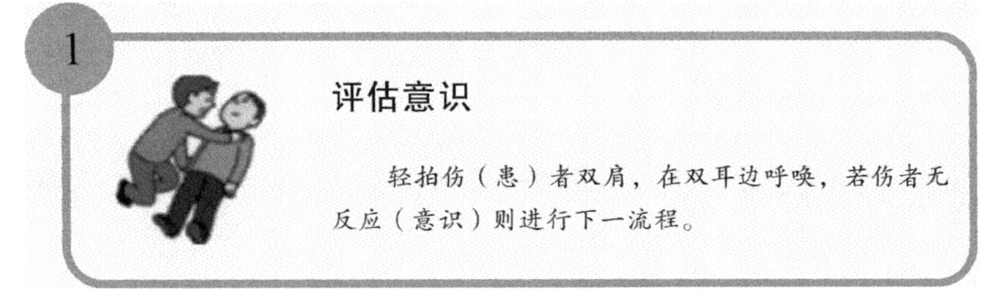

图 8-1 心肺复苏急救步骤

2

寻求帮助

立即拨打120或请求周围人员帮助拨打120，寻求专业救援力量。

3

检查呼吸及心跳

通过查看伤（患）者胸部有无起伏、感觉伤者口鼻有无呼出气流判断伤者有无呼吸的同时，查看伤者颈动脉有无搏动。若无呼吸、心跳，立即实施胸外按压。

4

胸外按压（30次）

用左手掌跟紧贴伤（患）者胸部两乳头连线中点，两手重叠，手指相扣，左手五指翘起，双肘关节伸直，垂直下压。按压频率至少100次/min，按压深度至少5 cm。

续图 8-1　心肺复苏急救步骤

五、胸外按压操作步骤

施救者面向病人跪着，两腿打开，与肩同宽，肩膀在伤患胸骨的正上方，双臂伸直，用体重的力量直接下压，压力推至胸骨上，如图 8—2 所示。

正确的胸外按压位置：由病人的胸部（近施救者侧）找寻肋骨下缘，沿肋骨缘向上滑动，至肋骨与胸骨交汇的胸窝处，即为按压位置。将中指置于心窝处，食指紧靠中指，置于胸骨上定位；将另一掌的掌根紧靠在已定位的食指旁，使掌根的位置正好放在胸骨的中线上；掌根放好位置后，另一手重叠于其上；将两手的手指互扣或翘起，以免压迫肋骨造成骨折。有关节炎者为他人实行胸外按压时，施救者将一手掌根放好位置后，以另一手紧握此手的手腕部。

定位胸外按压的位置小诀窍：救助者位于病人右侧，将右手掌平伸，手指紧贴病人喉部并指向喉部，平放病人胸前，大约掌根所在位置即为按压的地方。这样将手掌向外旋转90°，左手叠放在定位的手上，两只手交叉，手指翘起进行按压。

每次下压时，应将胸骨压下4～5 cm，放松时，手不施压力，但不可移动手的位置。1分钟后进行胸外按压与人工呼吸：先连续按压30次后，接着2次人工呼吸。

注：按压速度为每分钟80～100下，人工呼吸每5 s一次。每次按压都要数数以配合按压速度，口念“一下”“二下”……念“一”时手下压，念“下”时手放松，念“二”时手下压，念“下”时手放松，如此交互念至十下。念十一到三十下时，“十”压，“一”松，“十”压，“二”松……这样念到三十。

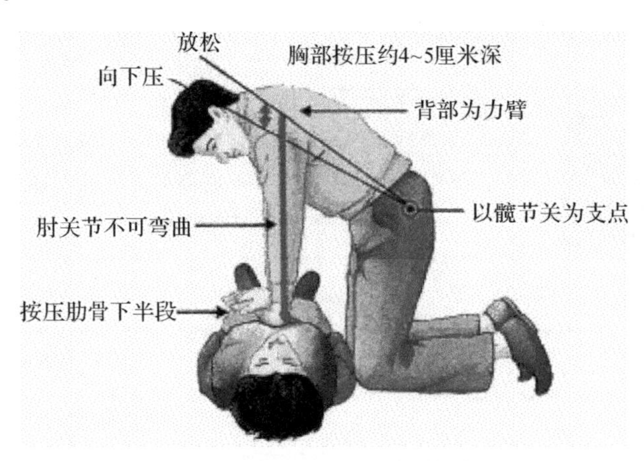

图8-2 胸外按压操作

六、心肺复苏的应注意事项

(1)必须确定病人已经失去知觉，才可实施心肺复苏。

(2)施救注意脱离危险区域。

(3)病人的体位要处于仰卧位，须位于硬板床或地面上，以确保按压时病人不摇动。

(4)口对口人工呼吸时吹气量应是成年人深呼吸正常量。

(5)注意保持病人的呼吸道通畅。注意清除呼吸道中的分泌物、泥沙等。有些病人舌后聚，堵住气道，应该把舌头拉出来。

(6)若病人戴有假牙，人工呼吸前应取下。

(7)婴幼儿口鼻比较接近，最好将婴幼儿口鼻一起包含进行人工呼吸。

(8)做人工呼吸前，为防止疾病传染，可用手帕、纸巾等覆在病人嘴上进行隔离。

(9)按压的姿势为双臂伸直，使用身体的重量均匀地按压。按压要有规律，不要左右摇摆，也不要冲击式地按压。

(10)施行急救，须一直做到有呼吸及有脉搏或后续救助人员到达为止。

(11)如患者意识已清醒，采取侧身休息姿势，等待后续救助人员到达或送医治疗。

(12)没有经验的人士千万不要随便为他人做心肺复苏。

第九章　有限空间事故案例分析

第一节　近年来发生的有限空间作业事故

近年来,我国有限空间作业事故的典型案例如下。

案例1

2019年1月6日9时19分许,山西晋阳碳素有限公司检修2#电气煅烧炉过程中,1名工人在炉内中毒窒息,因施救不当,造成3人死亡。

事故原因分析:这起事故是典型的容器内有限空间作业事故,事故直接原因是检修人员进入煅烧炉作业,未按要求对炉内进行通风换气,未进行有毒有害气体检测,未配备个人防护用品,导致中毒窒息;施救人员盲目施救造成伤亡扩大。

案例2

2019年2月15日晚19时左右,东莞市双洲纸业有限公司对污水处理调节池进行清洗,班长莫某常带公司环保部的9人,分3人一批轮流下池开展清理作业,该公司3名员工在没有经通风和检测合格的情况下进入有限空间作业,3名员工中毒,随后6名员工在未采取有效保护措施情况下盲目施救,先后倒下,最终7人死亡,2人受伤入院治疗。

事故原因分析:

(1)未履行作业审批手续,未明确监护人员及其安全职责。

(2)作业前未检测、未通风,作业人员未佩戴个体防护用品,违规进入污水调节池作业。

(3)事故发生后,现场人员盲目施救造成伤亡扩大。

(4)安排未经培训合格的人员上岗作业。

(5)应急演练缺失,人员缺乏应急处置、自救和互救能力。

案例3

2019年2月24日21时50分许,重庆垫江县砚台镇汪家居委3社村民汪某某(男,57岁),在自家养猪场沼气池被困,其妻黄某某(女,56岁)、长子汪某(男,34岁)、次子汪某某(男,32岁)、邻居汪某(男,17岁)先后下池施救被困,事故共致4人死亡。

事故原因分析:这起事故是典型的农村村民家庭沼气池有限空间作业事故,事故原因是农民对有限空间危险没有认知,没有任何防范措施,1人被困,其他人盲目施救,造成多人死亡。

案例4

2019年3月3日5时10分左右,瓮福达州化工有限公司物流部磷酸灌装区内发生一起硫化氢气体中毒事故，造成 3 人死亡、3 人受伤。

事故原因分析：这是典型的动态特殊有限空间事故，防范难度大。事故直接原因是运输车在运输液态硫化钠卸车后仍有残液，运输车押运员在使用低压蒸汽对运输车罐体内进行蒸罐吹扫清洗作业时，车内残留的硫化钠随蒸罐污水流入地沟，与地沟内残留的磷酸发生化学反应，产生硫化氢气体，造成附近人员吸入中毒。

案例 5

2019 年 3 月 31 日 14 时左右，衡水市滨湖新区衡水湖污水处理厂在施工时发生一起窒息事故，造成 2 人死亡。

事故原因分析：这起事故是典型的管道施工导致窒息的有限空间作业事故，主要原因是有限空间作业辨识不到位，施工人员培训不到位。

案例 6

2019 年 4 月 17 日，湖南耒阳市一村民家的养猪场中有猪掉进地下化粪池，其一家三口在地下化粪池处置过程中晕倒，被村民发现救出，但 3 人已当场死亡。

事故原因分析：这起事故也是典型的农村村民家庭沼气池有限空间作业事故，事故原因是农民对有限空间危险没有认知，没有任何防范措施，为了救出掉进有限空间的猪，吸入硫化氢等有毒有害气体中毒死亡。

案例 7

2019 年 4 月 24 日 20 时左右，安徽六安市舒城县干汊河镇文信羽毛厂 3 名工作人员在对羽毛调节池进行清淤作业时，其中 1 人不慎坠入池中，另外 2 人进入池中施救亦遇险，造成 3 人死亡。

事故原因分析：这起事故是典型的调节池有限空间作业事故，主要原因还是未通风，未检测气体，1 人不慎坠入中毒，2 人盲目施救造成伤亡扩大。

案例 8

2019 年 4 月 26 日上午 9 时许，广西南宁市友爱北路电影制片厂附近，3 名工人井下作业时，意外被困。事发当时，1 名工人下雨水井检查水位情况时被困，另 2 名工友随即下井救援，均被困，造成 3 人死亡。

事故原因分析：这起事故是典型的雨水井有限空间作业事故，主要原因还是未通风，未检测气体，1 人进入作业中毒，2 人盲目施救造成伤亡扩大。

案例 9

2019 年 5 月 10 日上午 11 时许，秦皇岛市抚宁区留守营镇丰满板纸有限公司污水处理车间 3 名工人不慎坠入污水处理池，经抢救无效死亡。

事故原因分析：这起事故也是典型的污水池有限空间作业事故，主要原因是现场防护不到位，施救不及时，导致 3 人不慎坠入，中毒死亡。

案例 10

2019 年 5 月 13 日，山西运城市银湖环境治理投资有限公司因二级泵站污水泵排水能力下降，进行泵体解体清污检修，上午 10 时 10 分左右，两名维修工配合进行泵体冲污工作，一名维修工在撤离过程中中毒窒息晕倒，另一名维修工救援过程中也中毒窒息晕倒，泵站负责人带领附近其他人员进入泵房内泵坑中进行救援，先后中毒窒息致 4 人死亡。

事故原因分析:这起事故也是典型的污水池有限空间作业事故,原因是未通风,未检测气体,1 人撤离时中毒晕倒,3 人盲目施救造成伤亡扩大。

案例 11

2019 年 6 月 6 日 10 时左右,唐山双喜物业有限公司在唐山市曹妃甸区曹妃甸新城青龙湖商业街千润城超市前污水窨井内进行疏通管道作业过程中发生一起中毒窒息事故,造成 3 人死亡。

事故原因分析:这起事故是典型的污水窨井有限空间作业事故,原因是未通风,未检测气体,未做监护,施救不及时,3 人进入作业,中毒窒息死亡。

案例 12

2019 年 6 月 30 日,重庆市石柱县桥头镇几位村民在修理蓄水池时遇难。先下去 5 人晕倒,又下去 2 人救援也晕倒,7 人全部死亡,死者最大 60 岁,最小的才十二三岁。

事故原因分析:这起事故是典型的农村清理蓄水池有限空间作业事故,事故原因是农民对有限空间危险没有认知,没有采取任何防范措施,5 人被困,2 人盲目施救造成多人死亡。

案例 13

2019 年 10 月 11 日 13 时 11 分,陕西安康恒翔生物化工有限公司污水处理站工人唐某连在查看絮凝混合池时,不慎坠入池中。工友汪某香发现险情后,立即呼救。隔壁厂区看厂工人张某安、吕某和、李某华、张某江、吕某和(系唐某连丈夫)等 5 人在施救过程中,先后坠入池中中毒窒息,6 人经抢救无效死亡。

事故原因分析:这起事故是典型的絮凝混合池有限空间作业事故,因作业现场防护不到位,1 人不慎坠入被困,因安全培训不到位,5 人盲目施救,全部中毒窒息死亡。

案例 14

2020 年 4 月 17 日 6 时 30 分,福建南平市延平区南平中农绿竹环保纤维有限公司在组织清理废水池过程中,1 人倒在废水池中,另外 2 人施救不当也相继倒在废水池中,造成 3 人死亡。

事故原因分析:这起事故是典型的废水池有限空间作业事故,事故原因是未通风,未检测气体,1 人中毒窒息,因安全培训不到位,2 人盲目施救,全部中毒窒息死亡。

案例 15

2020 年 4 月 23 日 15 时许,湖北随州市高新区湖北正大有限公司在组织对污水沟进行清淤作业时发生事故,导致 3 人死亡。

事故原因分析:这起事故是典型的污水沟有限空间作业事故,事故原因是未通风,未检测气体,未做监护,施救不及时, 3 人进入作业中毒窒息死亡。

案例 16

2020 年 5 月 1 日,上海潜业市政工程有限公司在进行污水管网维修施工作业过程中发生一起中毒窒息事故,共造成 3 人死亡。当日 7 时左右,宁波博昱环境工程有限公司施工班组负责人张某某安排另一施工班组负责人梁某某及施工工人孟某某、武某、许某、张某某、张某某、申某某一行 8 人分别乘坐 3 辆工程车前往繁昌经济开发区纬五路与经三路交叉口处开展施工作业。7 时 37 分,施工班组将 2 台抽水泵陆续放入 W－58# 井开始进行抽水。8 时 42 分,2 台抽水泵有 1 台停止工作,随后施工班组将停止工作的水泵吊出 W－58# 井,并进行维修。10 时 37 分，施工班组将修好的水泵再次放入 W－58# 井中抽水，随后申某某、张某某、张某回到经三路西侧作业。10 时 49 分，井下水位已经达到清淤作业条件，孟某某用水枪对井下进行管道冲洗清淤。10 时 58 分，因水枪枪头位置不当需要调整，孟某某在没有向管道通风、没有进行有害气体检测、没有系安全带和栓安全绳，仅穿戴防水衣和安全帽的情况下下井作业，随后晕倒。张某某发现异常后，立即喊话呼救，发现孟某某没有应答，随后在没有任何安全防护前提下下井施救，抱起孟某某后晕倒。一旁的梁某某发现孟某某、张某某晕倒后，在没有任何安全防护前提下下井施救并晕倒。整个事发过程持续约 4 min。

事故原因分析：这起事故是典型的污水井有限空间作业事故。事故发生的井内存在硫化氢、甲烷等有毒有害气体，施工工人违反《城镇排水管道维护安全技术规程》和"先通风、再检测、后作业"原则，在未采取井下通风、检测有毒有害气体浓度和佩戴必要防护用品的情况下违规下井作业是事故发生的直接原因，现场人员在未做好个人防护的情况下盲目施救，造成了事故扩大。

案例 17

2020 年 5 月 5 日 9 时 30 分左右，湖北一力建设工程有限公司雇请 2 名工人在位于枝城镇的宜都市利海环保科技有限公司项目现场从事设备基础人工挖孔桩清孔作业时发生窒息事故，造成 1 人当场死亡，1 人经抢救无效死亡。

事故原因分析：这起事故是典型的挖孔清桩有限空间作业事故，事故原因是未通风，未检测气体，未做监护，施救不及时，2 人作业窒息死亡。

案例 18

2020 年 5 月 6 日 20 时 40 分许，淮南市寿县绿色东方新能源有限公司在垃圾库外墙缝隙封堵外包作业过程中，发生中毒事故，造成 3 人抢救无效死亡、2 人受伤。

事故原因分析：这起事故是典型的垃圾库有限空间作业事故，事故原因是未通风，未检测气体，未做监护，施救不及时，导致 3 人作业时中毒窒息死亡，2 人受伤。

案例 19

2020 年 5 月 22 日 15 时左右，河北清河县城区三羊西街穆井桥附近污水管道施工过程中，5 人发生窒息，经抢救无效 3 人死亡，其余 2 人受伤。

事故原因分析：这起事故也是典型的污水管道有限空间作业事故，事故原因是未通风，未检测气体，未做监护，施救不及时。

案例 20

2020 年 5 月 23 日 14 时 30 分左右，安徽国祯环保节能科技股份有限公司在庐江县发生一起中毒和窒息事故，造成 1 人死亡。

事故原因分析：这起事故是典型的环保公司维修有限空间作业事故，事故原因是未通风，未检测气体，未做监护，施救不及时。

案例 21

2020 年 5 月 29 日 11 时 10 分，云南国际滇南水电事业部泗南江电站泄洪冲沙作业时发生一起爆燃事故，共造成 6 人死亡、5 人受伤。

事故原因分析：这起事故属于大坝通风洞（电站泄洪道前端）开展清淤作业过程中发生的有限空间作业爆炸事故，作业前未检测气体，未通风达标，有限空间及动火作业审批不严。

案例 22

2020 年 5 月 30 日 7 时 30 分许湖北省航道工程有限公司所属岳罗河劳务队(湖北海鑫达劳务有限公司)在灵璧县灵城镇实施倒虹吸井作业时,1 名工人进入井内进行模板拆除施工时晕厥,之后 2 名工人自发下井抢救时也发生晕厥,3 人均重度昏迷,送医抢救无效后死亡,均为井下沼气中毒所致。

事故原因分析:这起事故是典型的虹吸井有限空间施工作业事故,事故原因是未通风,未检测气体,1 人作业窒息,2 人盲目施救,全部抢救无效死亡。

案例 23

2020 年 6 月 5 日 3 时 30 分左右,河南郑州思念果岭悦温泉污水处理站进行清淤工作时,1 名工人作业时出现意外,后 2 名营救人员参与营救时落入池内,3 人均不幸身亡。

事故原因分析:这起事故也是典型的污水站清淤有限空间作业事故,作业前未通风,未检测气体,1 人作业窒息,2 人盲目施救,全部抢救无效死亡。

案例 24

2020 年 6 月 13 日 14 时 23 分许,湖州市吴兴区美欣达印染公司工人因清洗反应池发生硫化氢中毒事故,造成 4 人死亡,5 人受伤。

事故原因分析:这起事故是典型的印染反应池有限空间作业事故,事故原因也是未通风,未检测气体,4 人作业硫化氢中毒死亡,5 人受伤。

案例 25

2020 年 6 月 23 日,宁夏某热电有限公司在储煤筒仓空气炮改造过程中,2 名外包单位工作人员在筒仓内外壁夹层施工时,因有害气体中毒死亡。

事故原因分析:这起事故是典型的热电厂储煤仓有限空间作业事故,未通风,作业前未检测气体。

案例 26

2020 年 6 月 24 日 15 时许,在位于北京市怀柔区雁栖镇水岸雁栖施工工地内,1 名工人在进行暖气井清理作业时晕倒,经抢救无效死亡。

事故原因分析:这起事故是典型的暖气井有限空间作业事故,事故原因是未通风,未检测气体,未做监护,救援不及时。

案例 27

2020 年 7 月 1 日,南阳市宛城区一污水管道提升项目施工工地发生较大事故。1 名工人下污水井打开污水管道后,从梯子上井过程中掉入井内,后有 2 名人员下井救人被困。3 人从井下救出后抢救无效死亡。

事故原因分析:这起事故是典型的污水井有限空间作业事故,作业前未通风,未检测气体,1 人从梯子上不慎坠落,2 人盲目施救,导致 3 人死亡。

案例 28

2020 年 7 月 2 日上午 9 时 10 分左右,衡南县云集街道办事处堆子岭输变电工程施工点发生一起有限空间作业事故,5 名被困人员被救出送往医院,抢救无效先后死亡。

事故原因分析:这起事故是典型的输变电施工有限空间作业事故,作业前未通风,未检测气体,5 人作业中毒窒息死亡。

案例 29

2020 年 8 月 6 日 11 时 40 分左右，位于郑州市航空港区荆州路与雁行路交叉口向西 200 m 处，河南一建筑劳务分包公司在 42# 电力检查井中开展电力排管自检时，发生一起中毒和窒息事故，造成 3 人受伤。

事故原因分析：这起事故是典型的电力检查井有限空间作业事故，事故原因是作业前未通风，未检测气体。

案例 30

2020 年 8 月 8 日 9 时 40 分左右，位于郑州市航空港区梁州大道与思存路交叉口向北 100 m 路西，某公司在进行井下光纤施工过程中，发生一起中毒和窒息事故，造成 1 人死亡，2 人受伤。

事故原因分析：这起事故是典型的通讯光纤施工井下有限空间作业事故，事故原因是未通风，未检测气体。

案例 31

2020 年 8 月 9 日 19 时左右，位于郑州市郑东新区东四环与学理路交叉口西 100 m 路南，学理路再生水管线工程项目井内施工过程中，发生一起中毒和窒息事故，造成 2 人死亡。

事故原因分析：这起事故是典型的再生水管线施工井下有限空间作业事故，作业前未通风，未检测气体，2 人作业中毒窒息死亡。

案例 32

2020 年 8 月 23 日 21 时 40 分，滁州市南谯区安徽东方路桥工程有限公司 3 名工人在滁州一项目支路施工过程中，1 人不慎落入窨井中，先后 2 名工人下井施救，致 3 人被困窨井造成窒息。事故发生后，施工方将伤者送到医院救治，2 人经医院抢救无效死亡，1 人受伤。

事故原因分析：这起事故是典型的窨井有限空间作业事故，作业前未通风，未检测气体，1 人不慎坠落，2 人盲目施救，导致两死一伤。

案例 33

2021 年 1 月 11 日 10 时 43 分，湖北石首市某水务有限公司在新厂镇高家槽村四组进行污水井清污作业过程中，发生 3 人中毒事故，2 人送医抢救无效死亡。

事故原因分析：这起事故是典型的污水井有限空间作业事故，事故原因是未通风，未检测气体。

案例 34

2021 年 1 月 14 日，位于河南省驻马店市的中国化工集团下属河南顺达新能源科技有限公司一名员工在水解保护罐内作业过程中感觉不适，施救中先后 7 人中毒窒息，共造成事故企业副总经理在内的 4 人死亡。

事故原因分析：此次事故是 2021 年年化工行业发生的第一起较大事故，暴露出事故企业特殊作业管理不到位、员工专业能力不足、防护器材使用不规范、严重缺乏自我保护意识、盲目施救等严重问题。

案例 35

2021 年 1 月 28 日凌晨 5 点 50 分，宜昌市兴山县某水泥有限公司员工康某和袁某进入生料库内进行清库作业时，生料库内壁上附着的生料垮落涌入减压锥内，瞬间将两人冲倒，袁某下半身被水泥灰掩埋，安全帽被冲掉；康某面朝下扑倒在下料口，口罩和安全帽被冲掉，袁某将人拉起时，康某已没有任何反应。7 时 20 分，康某抢救无效死亡。

事故原因分析：这起事故是典型的水泥企业生料库有限空间作业事故，事故原因是未做好风险辨识分析，未采取防护措施。

案例 36

2021 年 2 月 17 日，池州市青阳县盛石非金属材料有限公司在设备调试过程中，因窑体内原料结块，2 名刚聘来的湖北籍窑师和 1 名企业股东在未采取任何防护措施的情况下进窑疏通，发生中毒窒息事故，造成 1 名窑师和 1 名企业股东死亡，1 人轻伤。

事故原因分析：事故暴露出企业和从业人员对有限空间风险辨识不清、试生产过程中安全防范措施不到位、盲目施救导致伤亡扩大等问题，也暴露出监督管理存在薄弱环节等问题。

案例 37

2021 年 2 月 18 日 10 时 20 分，宜昌某小区 1 名工人在疏通化粪池作业时不慎跌落化粪池内，所在区消防大队将其打捞起后，经现场医护人员抢救无效宣布死亡。

事故原因分析：这起事故是典型的疏通化粪池作业有限空间作业事故，作业前未做好风险辨识分析，未采取防护措施，1 人作业时跌落淹溺死亡。

案例 38

2021 年 2 月 23 日 16 时 30 分许，山西晋城市鑫环球铸造有限公司维修对冲天炉过程中，违规使用纯氧通风换气。生产经理未做任何前期准备工作，贸然组织 5 名员工(2 名在炉顶负责向炉内送物料，3 名进入炉内补炉衬)对冲天炉进行补炉衬维修。16 时许，炉内维修工告知炉顶送料工炉内闷，炉顶送料工违规将氧枪插入冲天炉 2# 风口的观察孔持续向炉内送氧，导致在冲天炉有限空间内形成富氧环境，遇明火轰燃，造成 3 人遇难。

事故原因分析：这起事故是典型的铸造公司设备维修作业有限空间作业事故，事故原因是未做好风险辨识分析，未采取防护措施，违规使用纯氧通风换气，造成明火轰燃。更严重的是，该企业被查出对事故隐瞒不报，后经群众举报查证属实，受到了更严厉的处理。

案例 39

2021 年 3 月 28 日 17 时许，福建省三明市尤溪县立丰再生纸厂在进行白水收集沉淀池清洗作业时发生一起较大中毒和窒息事故，造成 4 人死亡。

事故原因分析：立丰纸厂第三生产线承包人违反环保部门停产要求，擅自安排人员进行清理作业，1 名员工在清理作业时未按照“先通风、再检测、后作业”要求，进入沉淀池作业中毒，3 名施救人员未穿戴好防护用品进行施救，造成事故扩大，4 人死亡。

案例 40

2021 年 4 月 21 日下午 2 时 30 分左右，位于黑龙江安达市的黑龙江凯伦达科技有限公司发生意外，该公司 4 名工人在停产检修卞草丹生产车间制气釜时先后中毒，经抢救无效死亡，另有 6 人在实施救援时中毒。

事故原因分析：这起事故是典型的检修生产车间制气釜作业有限空间作业事故，事故原因是未做好风险辨识分析，未采取防护措施。

案例 41

2021 年 4 月 28 日下午 2 时左右，武汉市某科技环保有限责任公司用槽罐车在脱硫站卸下16.25 t的KR氧化钙脱硫剂(粉末),罐内还剩约10 t,随后司机桂某独自一人将槽罐车开回了厂房仓库。29日上午11时左右,桂某被发现一人面朝下卧倒在车辆罐体内,经确认已死亡。

事故原因分析:这起事故是典型的槽车罐体内有限空间作业事故,事故原因是未做好风险辨识分析,未采取防护措施。

案例42

2021年5月1日上午10时许,广东广州威乐珠宝产业园有限公司在组织清洗污水池时发生中毒窒息事故,造成1人中毒窒息死亡。

事故原因分析:这起事故是典型的清洗污水池有限空间作业事故,事故原因是未做好风险辨识分析,未采取防护措施。

案例43

2021年5月1日下午4时许,广东汕尾市信利半导体有限公司组织清洗水箱过程中发生有限空间窒息事故,造成正在该水箱内作业的4名作业人员死亡。

事故原因分析:这起事故是典型的清洗水箱有限空间作业事故,事故原因是未做好风险辨识分析,未采取防护措施。

案例44

2021年5月15日下午,四川南充高坪区高都路管网疏通项目现场,3名工人在检查地下管网时发生气体中毒。事故发生后,经相关部门全力抢救,1人脱离生命危险,生命体征正常,2人抢救无效死亡。

事故原因分析:这起事故是典型的管网疏通有限空间作业事故,事故原因是未做好风险辨识分析,未采取防护措施,未检测有毒气体,未通风。

案例45

2021年5月19日10时20分,广水市某肉食品有限公司养殖二场工人周某在污水提升井内维修管道阀门时,因氨气泄漏昏迷倒地,祝某下去营救同时遇险,厂内其他工作人员找来绳索将二人抢救到地面。10点45分,120急救车到达现场,确认周某因氨气等有毒气体中毒死亡。

事故原因分析:这起事故是典型的污水提升井内维修有限空间作业事故,事故原因是未做好风险辨识分析,未采取防护措施,未检测有毒气体,未通风。

案例46

2021年5月20日16时许,天津津南区八里台镇西小站村2名工人在污水井内作业期间发生昏迷。事故造成1人死亡,1人受伤。

事故原因分析:这起事故是典型的污水井内维修有限空间作业事故,未做好风险辨识分析,未采取防护措施,未检测有毒气体、未通风,造成1人死亡,1人受伤。

案例47

2021年5月24日16时许,四川省宜宾市长宁县福荣笋类食品厂发生一起较大中毒和窒息事故,造成7人死亡、1人受伤。福荣笋类食品厂废水处理间好氧池曝气风机发生故障,企业未停止使用污水处理相应的设施。曝气风机重新启动,高浓度硫化氢等有毒有害气体逸出扩散,作业人员及先期施救员在未采取任何安全防护措施的情况下进入废水处理间,吸入硫化氢等有毒有害气体中毒死亡。

事故原因分析:这起事故是典型的食品厂废水处理间维修有限空间作业事故,事故原因是未做好风险辨识分析,未采取防护措施,未停机检修,未检测有毒气体,未通风。

案例 48

2021 年 5 月 26 日 10 时 35 分,江门江海区接报礼乐街道五四村有人掉入井内昏迷。事故起因是 6 名工作人员在下井清淤作业过程中,不慎吸入有毒气体,跌入井下积水导致中毒溺水昏迷。6 人被送至医院后,其中 4 人抢救无效死亡。

事故原因分析:这起事故是典型的农村井下清淤有限空间作业事故,事故原因是未做好风险辨识分析,未采取防护措施,未检测有毒气体,未通风,盲目施救。

案例 49

2021 年 5 月 31 日上午 10 时左右,在广西南宁市石埠兴贤村发生了一起密闭空间作业意外事故,造成 1 名下井施工人员和 2 名救援人员不幸身亡。

事故原因分析:这起事故是典型的农村井下施工有限空间作业事故,事故原因是未做好风险辨识分析,未采取防护措施,未检测有毒气体,未通风,盲目施救。

案例 50

2021 年 6 月 13 日上午 10 时 30 分许,四川成都市四川邑丰食品有限公司停产检修期间,2 名员工在检修废水池管道时掉入,另有 4 名公司员工在施救时也相继掉入池中,6 人抢救无效死亡。

事故原因分析:这起事故是典型的食品公司管道维修掉入废水池淹溺有限空间作业事故,事故原因是未做好风险辨识分析,未采取防护措施,盲目施救,造成 6 人死亡。

案例 51

2021 年 7 月 3 日,浙江海宁市马桥街道浙江迈基科新材料有限公司在停产期间进行废水收集池清理作业时发生一起中毒事故,造成 3 人死亡,2 人受伤。

事故原因分析:这起事故是典型的废水收集池清理有限空间作业事故,因未做好风险辨识分析,未采取防护措施,该公司 1 名员工下池底进行清淤时吸入有害气体晕倒,另 4 名工友施救时相继中毒。

案例 52

2021 年 7 月 23 日,辽宁省盘锦市大洼区唐家镇白家村污水处理设施提升井处发生中毒窒息事故,造成 3 人死亡。

事故原因分析:这起事故是典型的污水处理设施提升井有限空间作业事故,事故原因是未做好风险辨识分析,未采取防护措施。

案例 53

2021 年 7 月 29 日上午 10 时 16 分许,位于西安沣东新城王寺街办沣东大道(西宝高速东约 150 m)路北,咸阳豫陕福管道疏通服务有限公司 1 名工人在城市给水井内作业时坠入井底被困,另 2 人进行救援时也坠井被困,发生中毒窒息事故,造成 2 人死亡,1 人受伤。

事故原因分析:这起事故是典型的城市给水井内有限空间作业事故,事故原因是未做好风险辨识分析,未采取防护措施,盲目施救。

案例 54

2021 年 7 月 30 日 20 时许，北京市朝阳区富力城小区，北京市燃气集团 3 名运维人员被发现在燃气闸井内晕倒，后经抢救无效不幸遇难。

事故原因分析：这起事故是典型的城市燃气闸井内维修有限空间作业事故，事故原因是未做好风险辨识分析，防护措施不到位。

案例 55

2021 年 8 月 6 日上午 8 时 40 分左右，安徽省宿州市砀山县老 310 国道市政管网在进行污水处理作业过程中发生事故，造成 3 人死亡。

事故原因分析：这起事故是典型的市政管网污水处理有限空间作业事故，因未做好风险辨识分析，防护措施不到位，2 名工人清理淤泥时晕倒，第 3 名工人救援过程中晕倒。

案例 56

2021 年 8 月 21 日 17 时，南水北调支线工程第二标段（大兴区黄村镇新凤河和念坛引渠交汇处东 300 m）北京清河水利建设集团有限公司施工工地分水管检修井内发生一起有限空间作业中毒窒息事故，造成 2 人死亡。

事故原因分析：这起事故是典型的分水管检修井内有限空间作业事故，事故原因是未做好风险辨识分析，防护措施不到位。

案例 57

2021 年 8 月 30 日 11 时 30 分左右，安徽省广德市宁国圣韬实业发展有限公司在其承包经营的广德城区餐厨垃圾处置点维修垃圾料池下的水泵电机时，发生有限空间作业生产安全事故，造成 2 人死亡。

事故原因分析：这起事故是典型的餐厨垃圾处置点垃圾料池维修有限空间作业事故，事故原因是未做好风险辨识分析，防护措施不到位。

案例 58

2021 年 9 月 22 日晚，安庆市燚焱机电工程有限公司维护运营的任店新村南区一体化提升泵站污水井内发生一起事故，造成 1 人死亡。

事故原因分析：事故发生地点为龙狮桥乡任店新村南区东侧围墙外一体化提升泵站污水井，提升井高出地面约为 1.6 m，提升井内深度约为 5 m，提升井内径约为 1.5 m，有 1 个直梯进入井底，顶部为不锈钢盖，盖被撬开，井内通风不良。现场未发现有限空间安全警示标志及警示说明。事发后，事故调查组委托专业机构对提升井内空气进行抽样检测，检测结果为硫化氢浓度超标（提升井内硫化氢短时间接触最大浓度为 15.1 mg/m^3，大于国家相关规定的接触限值 10 mg/m^3）。

案例 59

2021 年 10 月 1 日 11 时，安徽省宣城市现代服务业产业园区内宣城宇晟商业管理有限公司发生一起有限空间安全事故，造成 1 人死亡。

事故原因分析：这起事故是典型的污水井下维修有限空间作业事故，事故原因是企业未做好风险辨识分析，防护措施不到位，维修人员私自进入污水井内检查。

案例 60

2021 年 11 月 25 日，天津博迈科海洋工程有限公司进行现场清洁作业时，3 人发生窒息，经抢救无效死亡。

事故原因分析：这起事故是典型的海洋工程现场清洁过程有限空间作业事故，事故原因是未做好风险辨识分析，防护措施不到位。

第二节　事故基本原因分析

造成各种有限空间作业事故的基本原因如下：

(1)未落实有限空间作业审批制度，安全风险辨识不到位。对于污水池、化粪池、沼气池、腌渍池、纸浆池、市政管道和地下室等各类有限空间，在清淤清污和检维修作业过程中极易发生硫化氢、一氧化碳等有毒有害气体中毒和缺氧窒息事故。事故单位没有对有限空间作业风险进行全面辨识评估，未落实危险作业审批制度，未严格遵守“先通风、再检测、后作业”的作业程序，在检测、防护、监护等安全条件未确认情况下实施作业，导致事故发生。

(2)现场应急救援处置不当，由于事故单位和现场人员缺乏基本的应急常识和自救互救能力，缺失个体防护器材和应急装备，在没有弄清致害因素，也没有采取可靠防护措施情况下盲目施救，导致伤亡扩大。

(3)对应急管理和安全生产工作不重视，事故单位相关管理制度和作业规程不健全、不落实，防护器材和应急装备配备不全，没有应急预案或现场处置措施缺乏针对性，未开展有限空间作业应急演练，安全生产主体责任不落实。

(4)安全教育培训工作不到位。一些企业特别是中小企业没有组织过有限空间知识培训或培训质量不高，从业人员对有限空间作业安全意识严重不足，对作业程序不清楚，监护人员缺乏监护救援知识和能力。“无知者无畏”是事故发生的重要原因。

(5)监督管理存在薄弱环节。部分地区对相关行业有限空间监管工作不够重视，对相关制度规定和安全知识技能宣贯培训工作不到位，监督检查和执法处罚失之于宽、失之于软。

第三节　按照事故类型逐项分析原因

一、中毒窒息事故

有限空间内氧气不足是经常遇到的情况。氧气不足的原因很多，如被密度大的气体(如二氧化碳)挤占、燃烧反应、氧化反应(比如生锈)、工作产物(如使用溶剂、涂料、清洁剂或者是加热工作)、吸收和吸附(如潮湿的活性炭)、微生物分解等。在通风不良的情况下达到危险浓度，就会导致有限空间内发生作业人员窒息事故。

有限空间内可能会存在很多的有毒气体，这些有毒气体可以是有限空间内已经存在的，也可以是在工作过程中产生的。聚积于有限空间常见的有毒气体有硫化氢、一氧化碳、甲烷、沼气等，当通风不良达到危险浓度，会对作业人员构成中毒威胁。

作业中监管不力,如安全管理制度的缺失、有关施工(管理)部门没有编制专项施工(作业)方案、未采取相应的安全措施、未制定有限空间作业的操作规程、操作人员在未明了作业环境情况下贸然进入有限空间作业场所等,防护装备失效,如作业人员进入有限空间作业未配备必要的安全防护装备或安全防护装备故障等,都可能导致中毒窒息事故的发生。

二、火灾爆炸事故

有限空间内存在可燃气体和蒸汽,它们来自地下管道间泄漏(电缆管道和城市煤气管道间)、容器内部残存、工作产物(在其内进行涂漆、喷漆,使用易燃易爆溶剂,加热使可燃液体汽化)、微生物细菌分解等。有限空间中常见的可燃气体包括甲烷、天然气、氢气、挥发性有机化合物等,在通风不良的情况下达到危险浓度,遇引火源,就可能导致火灾甚至爆炸。

有限空间中的引火源包括焊接和切割等动火作业、产生热量的工作活动、铁质器件撞击、光源、电动工具和电子仪器,以及静电火花等。

三、作业伤害事故

在有限空间内作业时,若对机械设备监管不力或安全防护装置失效,因操作失误运转部件触及人体,或设备发生破坏碎片飞出,都有可能造成机械损伤事故。

在具有湿滑表面的有限空间作业,有人员摔伤、磕碰等的危险。

进行人工挖孔桩的作业现场,有因坍塌、坠落造成击伤、埋压的危险。

清洗大型水池、储水箱、输水管(渠)的作业现场有导致人员遇溺的危险。

作业现场监管不力或电气防护装置失效,误操作和电气线路短路、超负荷运行等都有可能发生电流对人体的伤害而造成伤亡事故。

四、物理因素危害事故

过冷、过热、潮湿的有限空间在监管不力或安全防护装备失效的情况下,有可能对人员造成危害;长时间待在有限空间,会由于受冷、受热、受潮,致使体力不支而引发事故。

五、生物病原体致病事故

废置井、污水井、化肥池、沼气池等空间中的各类有害细菌、病毒、钩端螺旋体等生物病原体,在监管不力或安全防护装备失效的情况下,会经皮肤进入人体致病。

练习题及参考答案

一、判断题(正确的打“√”,错误的打“×”)

1. 有限空间作业属高风险作业,其存在的风险具有隐蔽性、突发性和复杂性,完全不可控。（ ）

2. 当空气中甲烷占25%～30%(体积分数)时,可引起人体头痛、头晕、乏力、注意力不集中、呼吸和心跳加速等,若不及时脱离接触,可致窒息死亡。（ ）

3. 硫化氢是一种无色、比空气重、具有燃爆性的有毒气体。低浓度时,人体能闻到浓烈的臭鸡蛋气味,随着浓度的升高,感觉臭味减弱。（ ）

4. 封闭式的污水处理池属于有限空间,开放式的污水处理池则不属于有限空间。（ ）

5. 作业审批对作业安全不会产生影响,是否实施可自行决定。（ ）

6. 长管呼吸器属于隔绝式呼吸器的一种,一般分为自吸式长管呼吸器、连续送风式长呼吸器和高压送风式长管呼吸器。（ ）

7. 作业前,作业人员必须对有限空间内气体环境进行充分检测,确认气体检测结果符合作业安全要求方可作业。同时,如果评估作业过程中气体环境不会发生太大变化,作业期间可不再进行实时监测。（ ）

8. 除中毒、缺氧窒息和燃爆外,有限空间内还可能存在淹溺、高处坠落、触电、物体打击、机械伤害、灼烫、坍塌、掩埋、高温高湿等安全风险。（ ）

9. 如果本单位有限空间作业频次低,属于偶发作业,可不纳入企业安全管理体系进行统一管理。（ ）

10. 不具备有限空间作业安全生产条件的单位,不应实施有限空间作业。发包单位应将有限空间作业发包给具备安全生产条件的承包单位实施作业。（ ）

11. 甲苯和二甲苯通常作为油漆、黏结剂的稀释剂,在有限空间内进行涂装作业时,可能存在因吸入高浓度甲苯、二甲苯蒸气导致人员中毒的风险。（ ）

12. 气体检测报警仪的传感器应每年至少检定或校准1次,量值准确方可使用,日常使用时应确保零值准确。（ ）

13. 安全帽应在产品声明的有效期内使用,受到较大冲击后,只要帽壳没有明显的断裂纹或变形就可以继续使用。（ ）

14. 存在有限空间作业的单位应根据有限空间的定义,辨识本单位存在的有限空间及其安全风险,确定有限空间数量、位置、名称、主要危险有害因素、可能导致的事故及后果、防护

要求、作业主体等情况，建立有限空间管理台账并及时更新。（　）

15. 发包单位对作业安全承担主体责任，承包单位对其承包的有限空间作业安全承担直接责任。（　）

16. 作业前应对作业环境进行安全风险辨识，分析存在的危险有害因素，提出消除、控制危害的措施，编制详细的作业方案。（　）

17. 未经审批，企业不得擅自开展有限空间作业。（　）

18. 有限空间作业应设置监护人员，在有限空间外全过程持续监护，不得擅离职守。（　）

19. 一旦发生有限空间作业事故，任何情况下都要以救人为第一要务，现场人员必须第一时间组织实施救援。（　）

20. 实施救援时无需再进行强制通风等危害控制措施。（　）

二、单项选择题

1. 窑炉、锅炉、煤气管道可能存在的安全风险有（　）。

A. 缺氧　B. CO 中毒　C. 可燃性气体爆炸　D. 以上均包括

2. 空气中氧气含量一般为（　）。当有限空间内空气中氧含量低于（　）时会有缺氧的危险，可能导致窒息事故发生。

A. 20%，18.5%　B. 23.5%，19.5%

C. 20.9%，23.5%　D. 20.9%，19.5%

3. 紧急逃生呼吸器一般可提供（　）左右的供气时间。

A. 1 min　B. 5 min　C. 8 min　D. 15 mim

4. 正压式空气呼吸器气瓶工作压力应至少在（　）以上。

A. 5.5 MPa　B. 15 MPa　C. 25 MPa　D. 40 MPa

5. 正压式空气呼吸器气瓶压力下降到（　）范围，应发出蜂鸣报警声。

A. (2.0±0.5)MPa　B. (5.0±0.5)MPa

C. (5.5±0.5)MPa　D. (10.0±0.5)MPa

6. 下列对于安全带选择、检查和使用描述错误的是（　）。

A. 有限空间作业应选用半身式安全带

B. 有限空间作业应选用全身式安全带

C. 使用安全带前应对其进行检查，发现异常及时更换

D. 发生坠落冲击后应立即更换安全带

7. 以下通风方式不正确的是（　）。

A. 送风机应与燃油发电机分开放置，避免燃油发电机排出的有害废气通过风机进入有限空间

B. 有限空间内氧含量不足的，应使用纯氧通风，提高氧含量

C. 在有限空间内实施防腐涂装作业的，应保持全程机械通风

D. 多井口井室，作业前应打开全部井盖进行通风

8. 便携式气体检测报警仪应每(　　)至少检定或校准1次,量值准确方可使用。

A. 1年　　B. 2年　　C. 3年　　D. 5年

9. 以下环境可以作为气体检测报警仪开机自检环境的是(　　)。

A. 涂装作业区　　B. 井内

C. 运转的发电机旁　　D. 空气清洁的设备库房

10. 有限空间作业出现异常情况时,作业者应选择呼吸防护用品(　　)作为自救呼吸器。

A. 防毒面具　　B. 防尘口罩

C. 紧急逃生呼吸器　　D. 自吸式长管呼吸器

11. 根据《气瓶安全技术监察规程》(TSG R0006—2014)的要求,气瓶应每(　　)送至有资质的单位检验1次。

A. 3年　　B. 2年　　C. 1年　　D. 半年

12. 以下对有限空间气体检测点布置描述错误的是(　　)。

A. 只检测进出口附近

B. 垂直方向应检测上、中、下不同检测点

C. 水平方向应检测近端点和远端点

D. 作业过程中应检测作业面

13. 在积水、结露等潮湿环境的有限空间和金属容器中作业,照明灯具电压应不大于(　　)。

A. 220 V　　B. 110 V　　C. 36 V　　D. 12 V

14. 有限空间作业时,可燃性气体浓度应低于(　　)。

A. 1%LEL　　B. 5%LEL　　C. 10%LEL　　D. 30%LEL

15. 有限空间中硫化氢浓度超过(　　)时,就不能进入作业。

A. 10 mg/m^3　　B. 7 mg/m^3　　C. 2 mg/m^3　　D. 1 mg/m^3

16. 以下属于密闭设备的是(　　)。

A. 污水井　　B. 储罐　　C. 粮仓　　D. 地坑

17. 以下不属于有限空间的是(　　)。

A. 锅炉房值班间　　B. 污水调节池

C. 反应釜　　D. 沼气池

18. 以下属于作业过程中安全防护措施的是(　　)。

A. 安全隔离　　B. 清除置换

C. 实时监测　　D. 作业审批

19. 进入易燃易爆环境,作业人员应穿着(　　)。

A. 防静电服　　B. 防水服

C. 绝缘服　　D. 化学品防护服

20. 对于中毒、缺氧窒息、燃爆风险,主要从哪些方面进行辨识(　　)。

A. 内部存在或产生的风险　　B. 作业时产生的风险

C. 外部环境影响产生的风险　　D. 以上均包括

三、多项选择题

1. 根据定义，有限空间具有以下哪些特点？（　　）

A. 空间有限，与外界相对隔离

B. 进出口受限或进出不便，但人员能够进入开展有关工作

C. 未按固定工作场所设计，人员只是在必要时进入进行临时性工作

D. 通风不良，易造成有毒有害、易燃易爆物质积聚或氧气含量不足

2. 污水井、污水处理池、沼气池、化粪池可能存在以下哪些安全风险？（　　）

A. 缺氧窒息　　B. H_2S 中毒

C. 可燃性气体爆炸　　D. 触电

3. 进入粮仓作业可能存在的安全风险有（　　）。

A. 缺氧窒息　　B. PH_3 中毒

C. 粉尘爆炸　　D. 掩埋

4. 以下属于有限空间作业的是（　　）。

A. 工作人员进入地下商场进行日常工作

B. 工作人员在大型水罐内部进行涂装作业

C. 工作人员进入 5 m 深的设备基坑进行设备维修

D. 工作人员进入热力小室对热水管道阀门进行检修

5. 应接受有限空间作业专项安全培训的人员包括（　　）。

A. 有限空间作业安全管理人员　　B. 作业现场负责人

C. 监护人员　　D. 作业人员

6. 以下属于监护者职责的是（　　）。

A. 在有限空间外进行持续监护　　B. 防止无关人员进入作业区域

C. 协助作业人员撤离有限空间　　D. 进入有限空间作业

7. 以下对气体检测报警仪选择描述正确的是（　　）。

A. 作业前监护人员应使用泵吸式气体检测报警仪进行检测

B. 作业前监护人员应使用扩散式气体检测报警仪进行检测

C. 作业过程中监护人员应使用泵吸式气体检测报警仪进行检测

D. 作业过程中监护人员应使用扩散式气体检测报警仪进行检测

8. 对于有限空间应至少检测以下哪些气体？（　　）

A. 氧气　　B. 可燃气体　　C. 硫化氢　　D. 一氧化碳

9. 实施非进入式救援应具备哪些条件？（　　）

A. 有限空间内受困人员身上穿戴了全身式安全带

B. 安全绳索一端与受困人员安全带 D 形环相连，另一端与有限空间外的挂点连

C. 救援人员穿戴正压式空气呼吸器

D. 受困人员所处位置与有限空间进出口之间通畅，无障碍物阻挡

10. 当作业时出现（　　）情况，作业人员应紧急撤离有限空间。

A. 作业人员出现身体不适

B. 安全防护设备或个体防护用品失效

C. 气体检测报警仪报警

D. 监护人员或作业现场负责人下达撤离命令

【参考答案】

一、判断题

1	2	3	4	5	6	7	8	9	10
×	√	√	×	×	√	×	√	×	√
11	12	13	14	15	16	17	18	19	20
√	√	×	√	√	√	√	√	×	×

二、单项选择题

1	2	3	4	5	6	7	8	9	10
D	D	D	C	C	A	B	A	D	C
11	12	13	14	15	16	17	18	19	20
A	A	D	C	A	B	A	C	A	D

三、多项选择题

1	2	3	4	5	6	7	8	9	10
ABCD	ABC	ABCD	BCD	ABCD	ABC	AC	ABCD	ABD	ABCD

附　　录

附录 1　《工贸企业有限空间作业安全管理与监督暂行规定》简介

与有限空间相关的部门规章主要是国家安全生产监督管理总局第 59 号令《工贸企业有限空间作业安全管理与监督暂行规定》(简称《暂行规定》)。

《暂行规定》第六条要求，企业应当对从事有限空间作业的现场负责人、监护人员、作业人员、应急救援人员进行专项安全培训。专项安全培训应当包括下列内容：

(1)有限空间作业的危险有害因素和安全防范措施；

(2)有限空间作业的安全操作规程；

(3)检测仪器、劳动防护用品的正确使用；

(4)紧急情况下的应急处置措施。

安全培训应当有专门记录，并由参加培训的人员签字确认。

《暂行规定》第七条要求，工贸企业应当对本企业的有限空间进行辨识，确定有限空间的数量、位置以及危险有害因素等基本情况，建立有限空间管理台账，并及时更新。《工贸行业重大生产安全事故隐患判定(2017 版)》将“未对有限空间作业场所进行辨识，并设置明显安全警示标志”“未落实作业审批制度，擅自进入有限空间作业”列为重大隐患。

《暂行规定》第八条要求，工贸企业实施有限空间作业前，应当对作业环境进行评估，分析存在的危险有害因素，提出消除、控制危害的措施，制定有限空间作业方案，并经本企业安全生产管理人员审核，负责人批准。

《暂行规定》第九条要求，工贸企业应当按照有限空间作业方案，明确作业现场负责人、监护人员、作业人员及其安全职责。

《暂行规定》第十条要求，工贸企业实施有限空间作业前，应当将有限空间作业方案和作业现场可能存在的危险有害因素、防控措施告知作业人员。现场负责人应当监督作业人员按照方案进行作业准备。

《暂行规定》第十一条要求，工贸企业应当采取可靠的隔断(隔离)措施，将可能危及作业安全的设施设备、存在有毒有害物质的空间与作业地点隔开。

《暂行规定》第十二条要求，有限空间作业应当严格遵守“先通风、再检测、后作业”的原则。检测指标包括氧浓度、易燃易爆物质(可燃性气体、爆炸性粉尘)浓度、有毒有害气体浓度。检测应当符合相关国家标准或者行业标准的规定。未经通风和检测合格，任何人员不得进入有限空间作业。检测的时间不得早于作业开始前 30 min。

《暂行规定》第十三条要求，检测人员进行检测时，应当记录检测的时间、地点、气体种类、浓度等信息。检测记录经检测人员签字后存档。检测人员应当采取相应的安全防护措施，防止中毒窒息等事故发生。

《暂行规定》第十四条要求，有限空间内盛装或者残留的物料对作业存在危害时，作业人员应当在作业前对物料进行清洗、清空或者置换。经检测，有限空间的危险有害因素符合《工作场所有害因素职业接触限值　第 1 部分：化学有害因素》(GBZ 2.1—2007)的要求后，方可进入有限空间作业。

《暂行规定》第十五条要求，在有限空间作业过程中，工贸企业应当采取通风措施，保持空气流通，禁止采用纯氧通风换气。发现通风设备停止运转、有限空间内氧含量浓度低于或者有毒有害气体浓度高于国家标准或者行业标准规定的限值时，工贸企业必须立即停止有限空间作业，清点作业人员，撤离作业现场。

《暂行规定》第十六条要求，在有限空间作业过程中，工贸企业应当对作业场所中的危险有害因素进行定时检测或者连续监测。作业中断超过 30 min，作业人员再次进入有限空间作业前，应当重新通风，检测合格后方可进入。

《暂行规定》第十七条要求，有限空间作业场所的照明灯具电压应当符合《特低电压(ELV)限值》(GB/T 3805—2008)等国家标准或者行业标准的规定；作业场所存在可燃性气体、粉尘的，其电气设施设备及照明灯具的防爆安全要求应当符合《爆炸性环境　第 1 部分：设备通用要求》(GB/T3836.1—2021)等国家标准或者行业标准的规定。

《暂行规定》第十八条要求，工贸企业应当根据有限空间存在危险有害因素的种类和危害程度，为作业人员提供符合国家标准或者行业标准规定的劳动防护用品，并教育监督作业人员正确佩戴与使用。

《暂行规定》第十九条要求，工贸企业有限空间作业还应当符合下列要求：

(1)保持有限空间出入口畅通；

(2)设置明显的安全警示标志和警示说明；

(3)作业前清点作业人员和工器具；

(4)作业人员与外部有可靠的通信联络；

(5)监护人员不得离开作业现场，并与作业人员保持联系；

(6)存在交叉作业时，采取避免互相伤害的措施。

《暂行规定》第二十条要求有限空间作业结束后，作业现场负责人、监护人员应当对作业现场进行清理，撤离作业人员。

《暂行规定》第二十一条要求，工贸企业应当根据本企业有限空间作业的特点，制定应急预案，并配备相关的呼吸器、防毒面罩、通信设备、安全绳索等应急装备和器材。有限空间作业的现场负责人、监护人员、作业人员和应急救援人员应当掌握相关应急预案内容，定期进行演练，提高应急处置能力。

《暂行规定》第二十三条要求，有限空间作业中发生事故后，现场有关人员应当立即报警，禁止盲目施救。应急救援人员实施救援时，应当做好自身防护，佩戴必要的呼吸器具、救援器材。

《关于开展工贸企业有限空间作业条件确认工作的通知》要求：

(1)要制定可靠有效的有限空间事故应急预案，并每年至少开展一次应急演练，提高应急处置能力。

(2)要对本企业有限空间作业现场逐条进行确认。

1)作业必须履行审批手续；

2)作业前必须进行危险有害因素辨识，并将危险有害因素、防控措施和应急措施告知作业人员；

3)必须采取通风措施，保持空气流通；

4)必须对有限空间的氧浓度、有毒有害气体(如一氧化碳、硫化氢等)浓度等进行检测，检测结果合格后，方可作业；

5)作业现场必须配备呼吸器、通信器材、安全绳索等防护设施和应急装备；

6)作业现场必须配置监护人员；

7)作业现场必须设置安全警示标志，保持出入口畅通；

8)严禁在事故发生后盲目施救。

附录 2　工贸企业有限空间参考目录

一、冶金行业

（1）工艺炉窑：均热炉、热风炉、高炉、转炉、电炉、精炼炉、加热炉、退火炉、常化炉、罩式炉、沸腾炉、干燥机、回转窑等。

（2）槽罐：燃料罐、氮气球罐、重油罐、汽油罐、碱水罐、鱼雷罐、铁水罐、钢水罐、中间罐、渣罐等。

（3）煤气相关设备设施：发生炉、管道、煤气柜、排水器房、风机房、煤气排送机间、阀门室等。

（4）地坑：精炼炉地坑、铸造坑、泵坑等。

（5）公辅设备设施：锅炉、锅炉过热器；空分塔、水冷塔；使用六氟化硫的高压电控室；电缆坑（井）、地下液压室、地下油库、焦炉地下室；污水处理池（井）、密闭循环水池、地下排污隧道；给排水等管道；磨机、一二次混合机、环冷风箱；脱硫塔、脱硫浆液箱、脱硫流化底仓、料仓、料斗、除尘器、烟道；等等。

二、有色行业

（1）工艺炉窑：铸造炉、保持炉、煅烧炉、铝台包、回转窑、石灰炉、熔盐炉、余热锅炉等。

（2）槽罐：压缩空气储罐、真空罐、酸碱罐、分解罐、沉降罐、母液罐、稀释罐、精制液体罐、煤气站电捕集罐、车载储槽、电解槽等；原燃料储罐、原料仓。

（3）公辅设备设施：锅炉、除尘器、烟道；蒸汽缓冲器、压煮器、蒸发器、淋洗塔、沉灰室等；生产铝粉、锌粉雾化室等；污水处理池（井）、地下排污隧道等；煤气、给排水等管道；冷却机、磨机、脱硅机等。

三、建材行业

（1）工艺设备：预热器、分解炉、蒸压釜、篦式冷却机、回转窑、增湿塔、冷却机、烘干机、热风炉、立式磨、球磨机、选粉机、分离器。

（2）煤气相关设备设施：电捕集罐、煤气发生炉及上部密闭空间、排水器室、煤气排送机间、净化设备等。

（3）储库：储罐（仓）、料仓、煤粉库（地坑、仓）、筒形储存库等。

（4）公辅设备设施：锅炉、管道、收粉器、喷雾干燥塔等；除尘器、烟道等；电缆沟、电梯井道等；地坑、水塔（水箱）、蓄水池、窨井、下水道、污水处理池（井）。

四、机械行业

(1)工艺设备:电炉、冲天炉、工频炉、精炼炉、退火炉、加热炉、燃气(电)干燥炉、保护气氛热处理炉等。

(2)槽罐:电镀(氧化)槽、酸碱槽、油槽、电泳槽、浸漆槽;储料仓、贮罐、油罐、液氨罐等。

(3)公辅设备设施:塔(釜)、锅炉、压力容器、管道、烟道、地下室、地下仓库、地坑、地下润滑油室、电缆沟、电缆井等;喷漆室、探伤室、铸造坑、除尘器室等;煤气(天然气)转供设备、煤气发生炉等;污水池(井)、下水道、窨井、地下蓄水池等。

五、轻工行业

(1)工艺设备:玻璃窑炉、隧道窑、马蹄炉、退火炉、煤气发生炉、碱回收炉、烤炉、烘缸、汽提塔、脱硫塔、干燥塔、蒸煮塔、氧漂塔、漂白塔、卸料塔、喷放仓、料仓、预蒸仓、反应仓、腌制池等;高压均质机、麻石除尘器、干燥机、水力碎浆机、转鼓、蒸球、喷方仓、预浸器、分离器、流浆箱、黑液槽、汽鼓、汽包、澄清器、消化器、粉碎回收容器等。

(2)槽罐:原材料罐、贮糖罐、浸出罐、分离罐、浓缩罐、维持罐、糖化罐、层流罐、调浆罐、发酵罐(池)、种子罐、流加糖罐、维持罐、消泡沫剂罐、结晶罐、奶罐、储油罐、浸出罐、蒸发罐、浓缩罐、分离罐、厌氧罐、饱和罐、酒母罐、储酒罐、酸碱罐、过滤罐、搅拌混合罐、脱色桶等;冷水储槽等。

(3)公辅设备设施:污水池(沟、槽)、盐液池、污水处理池、沼气池(罐)、中和池(桶)、浆池等;原材料仓、恒温库、速冻库(箱)、冷库、蒸发脱水干燥房、地下泵房等;除尘器(沉降室、布袋除尘器等)、烟道等。

六、纺织行业

(1)纺纱工序:清棉设备、清梳联合机设备的混棉箱体。

(2)织造工序:浆纱机、浆染联合机的烘箱部分。

(3)染整工序:退煮漂联合机、烧毛机、轧染联合机、热熔染色联合机、碱减量机、液流染色机、气流染色机、经轴染色机、筒子纱染色机、绞纱喷射染色机、绞纱箱式染色机、筒子纱射频烘干机、绞纱烘干机、成衣染色机、散毛染色机、散毛烘干机、罐蒸机等设备的封闭、半封闭烘燥箱、房部位。

(4)公辅设备设施:锅炉、纺织空调系统的送回风道、除尘室、滤尘室以及消防水箱(池)、除尘地沟(道)、化粪池、蓄水池、窨井、电缆沟、电梯井道等。

七、烟草行业

(1)工艺设备:烘丝筒、润叶(梗)筒、加香(料)筒、滚筒干燥机、浸渍器、流化床、真空回潮机、烟丝膨胀焚烧炉、箱式储丝(叶、梗)柜。

(2)公辅设备设施:香精香料配制罐、二氧化碳储罐、空压分汽缸、真空罐、蒸汽分汽缸、储油罐等;消防水塔(水箱)、锅炉、省煤器锅炉排烟管道、软水箱、除氧水箱、热力除氧器钠离子交换塔、中央空调风柜(风管)除尘器;地下电缆沟、地下室、管道阀门井;烟道、冷库、电梯井道;下水管道、地下水池、污水处理水池等。

八、烟草行业

窨井、下水管道、管道阀门井、电梯井道、储罐、锅炉、污水井、化粪池、粮库(仓)、冷库等。

九、通用类

各类井(电缆井、污水井、窨井等)、池(污水池、化粪池、沼气池、蓄水池、腌渍池等)、地沟、暗沟、坑道、下水道、地窖、地下室等。

附录3　有限空间作业常见有毒气体浓度判定限值

气体名称	判定值	
	mg/m³	ppm(20℃)
硫化氢	10	7
氯化氢	7.5	4.9
氰化氢	1	0.8
磷化氢	0.3	0.2
溴化氢	10	2.9
氯	1	0.3
甲醛	0.5	0.4
一氧化碳	30	25
一氧化氮	10	8
二氧化碳	18 000	9 834
二氧化氮	10	5.2
二氧化硫	10	3.7
二硫化碳	10	3.1
苯	10	3
甲苯	100	26
二甲苯	100	22
氨	30	42
乙酸	20	8
丙酮	450	186

注：表中数据均为该气体容许浓度的上限值；1 ppm=10^{-6}。

附录4 有限空间作业场所安全警示标志和安全告知牌

附图4-1、附图4-2的示例来源于北京市地方标准《有限空间作业安全技术规范》(DB 11/T852—2019)。

附图4-1 北京市有限空间作业标牌示例

附图4-2 北京市有限空间作业安全告知牌示例

附录5　有限空间作业审批单

<table>
<tr><td>审批单编号</td><td></td><td>有限空间名称</td><td></td></tr>
<tr><td>作业单位</td><td colspan="3"></td></tr>
<tr><td>作业内容</td><td></td><td>作业时间</td><td></td></tr>
<tr><td>可能存在的
危险有害因素</td><td colspan="3"></td></tr>
<tr><td>作业负责人</td><td></td><td>监护人员</td><td></td></tr>
<tr><td>作业人员</td><td></td><td>其他人员</td><td></td></tr>
<tr><td>主要安全
防护措施</td><td colspan="3">1.制定有限空间作业方案并经审核、批准□
2.参加作业人员经有限空间作业安全相关培训合格□
3.安全防护设备、个体防护用品、作业设备和工具齐全有效，满足要求□
4.应急救援装备满足要求□</td></tr>
<tr><td>作业现场负责人
意见</td><td colspan="3">作业现场负责人确认以上安全防护措施是否符合要求　是□否□
作业现场负责人(签字)：
年　月　日</td></tr>
<tr><td>审批负责人
意见</td><td colspan="3">审批负责人是否批准作业　批准□不批准□
审批负责人(签字)：
年　月　日</td></tr>
</table>

附录 6　有限空间作业气体检测记录表

作业阶段	检测位置	检测时间	检测内容及数值					合格/不合格
			氧气浓度 %	可燃气体 %LEL	硫化氢浓度 $g \cdot m^{-3}$	一氧化碳浓度 $g \cdot m^{-3}$	其他气体浓度 $g \cdot m^{-3}$	
初始气体检测								
两次检测								
作业中实时监测								
检测人员(签字):________				________年________月________日				

注:LEL 为爆炸下限。

附录7　有限空间作业安全相关法规标准和文件

序号	类别	名称	文号/标准号	实施日期
1	部门规章	工贸企业有限空间作业安全管理与监督暂行规定	国家安全生产监督管理总局 令 第59号	2013-07-01
2	国家标准	缺氧危险作业安全规程	GB 8958—2006	2006-12-01
3		化学品生产单位特殊作业安全规范	GB 30871—2014	2015-06-01
4	行业标准	城镇排水管道维护安全技术规程	CJJ 6—2009	2010-07-01
5		电力行业缺氧危险作业监测与防护技术规范	DL/T 1200—2013	2013-08-01
6	地方标准	有限空间作业安全技术规范	DB11/T 852—2019(北京)	2020-04-01
7		供热管线有限空间高温高湿作业安全技术规程	DB11/1135—2014(北京)	2015-07-01
8		有限空间中毒和窒息事故勘查作业规范	DB11/T 1584—2018(北京)	2019-07-01
9		有限空间作业安全规范	DB13/T 5023—2019(河北)	2019-08-01
10		有限空间作业安全技术规范	DB23/T 1791—2016(黑龙江)	2016-08-20
11		有限空间作业安全技术规程	DB33/707—2008(浙江)	2009-06-01
12		城镇供排水有限空间作业安全规程	DB33/T 1149—2018(浙江)	2018-11-01
13		工贸企业有限空间作业安全规范	DB37/T 1993—2011(山东)	2011-12-01
14		有限空间作业安全技术规范	DB64/802—2012(宁夏)	2012-11-20
15	政策文件	国家安全监管总局办公厅关于开展工贸企业有限空间作业条件确认工作的通知	安监总厅管四〔2014〕37号	2014-04-11
16		国家安全监管总局关于印发《工贸行业重大生产安全事故隐患判定标准(2017版)》的通知	安监总管四〔2017〕129号	2017-11-30
17		《有限空间作业安全指导手册》	应急厅函〔2020〕299号	2020-10-29

参考文献

[1] 李涛，张敏，缪剑影. 密闭空间职业危害防护手册[M]. 北京：中国科学技术出版社，2006.

[2] 施文. 有毒有害气体检测仪器原理和应用[M]. 北京：化学工业出版社，2009.

[3] 夏艺，夏云风. 个体防护装备技术[[M]. 北京：化学工业出版社，2008.

[4] 余启元. 个体防护装备技术与检测方法[M]. 广州：华南理工大学出版社，2008.

[5] 国家安全生产监督管理总局宣传教育中心. 有限空间作业安全培训教材[M]. 北京：团结出版社，2010.

[6] 廖学军. 有限空间作业安全生产培训教材[M]. 北京：气象出版社，2009.

[7] 张少泉，李一杰. 急救医学与急救技术学[M]. 北京：中国医药科技出版社，1994.

[8] 陈红. 中国医学生临床技能操作指南[M]. 北京：人民卫生出版社，2014.